电池储能电站设计实用技术

国网湖南省电力有限公司电力科学研究院
湖南省湘电试验研究院有限公司 组编

严亚兵 主编

余 斌 徐 浩 副主编

中国电力出版社
CHINA ELECTRIC POWER PRESS

内 容 提 要

本书着重介绍了电化学电池储能电站相关标准、典型设备设计要求及技术规范、并网技术及相关要求，并以实际工程案例说明电化学电池储能电站设计中的重点问题及注意事项。本书共5章，主要内容包括概述、电池储能技术标准、电池储能电站主要设备、电池储能电站接入电网要求以及电池储能电站防雷与消防设计。

本书可供电化学电池储能电站的设计人员、项目经理、工程师、项目前期开发人员阅读参考。

图书在版编目（CIP）数据

电池储能电站设计实用技术 / 严亚兵主编；国网湖南省电力有限公司电力科学研究院，湖南省湘电试验研究院有限公司组编. —北京：中国电力出版社，2020.12（2023.11重印）

ISBN 978-7-5198-4794-4

Ⅰ. ①电… Ⅱ. ①严… ②国… ③湖… Ⅲ. ①化学电池－储能－电站－设计 Ⅳ. ① TM62

中国版本图书馆 CIP 数据核字（2020）第118240号

出版发行：中国电力出版社
地　　址：北京市东城区北京站西街19号（邮政编码 100005）
网　　址：http://www.cepp.sgcc.com.cn
责任编辑：畅　舒
责任校对：黄　蓓　郝军燕
装帧设计：王红柳
责任印制：吴　迪

印　　刷：三河市百盛印装有限公司
版　　次：2020年12月第一版
印　　次：2023年11月北京第六次印刷
开　　本：880毫米×1230毫米　32开本
印　　张：6.875
字　　数：168千字
印　　数：5001—6000册
定　　价：48.00元

电池储能电站设计实用技术

编　委　会

主　　编　严亚兵

副 主 编　余　斌　徐　浩

编写组成员　朱维钧　欧阳帆　蔡　旭　李　辉

刘海峰　梁文武　许立强　吴晋波

李　刚　郭思源　臧　欣　洪　权

王　玎　罗　云　张　坤　李　理

刘伟良　熊尚峰　姚欣瑞　徐　松

黄　勇　敖　非　李　勃　蒋应伟

陈　玉　张兴伟　潘　伟　蔡昱华

刘志豪　尹超勇　王善诺　董国琴

肖纳敏　肖俊先　李燕飞　邹晓虎

王子奕　牟秀君　李林山　徐　波

万　勋　晏桂林　郝剑波

前 言

随着电化学电池技术的不断进步，基于电化学的电池储能电站技术成熟度与经济性不断提高，在电力领域得到了越来越广泛的普及。近年来，电池储能电站呈现出由电源侧（新能源发电、火力发电）、用户侧小规模应用至电网侧大容量开发的模式发展。目前国家电网有限公司与中国南方电网有限责任公司皆在所运营区域部署了大容量电池储能电站项目，有力地推动了行业的发展。

虽然电池储能电站发展迅猛，但相关标准与规范仍未健全，特别是涉及电站设计方面的资料相对较少，不利于行业的健康长远发展。为此，国网湖南省电力有限公司电力科学研究院积极发挥技术优势，结合自身在储能技术方面的经验积累，组织编写《电池储能电站设计实用技术》一书，以期为行业发展做出有益的贡献。

本书由严亚兵与余斌负责第 1 章的编写，严亚兵与王玎负责第 2 章的编写，徐浩、蔡旭、徐松等负责第 3 章的编写，严亚兵、郭思源、张坤等负责第 4 章的编写，严亚兵负责第 5 章的编写，朱维钧和欧阳帆负责全书的技术指导，李辉、刘海峰、梁文武等负责全书的校核。本书受到湖南省电力有限公司科研资助及湖南省湘电试验研究院有限公司出资赞助，得到中国电建集团中南勘测设计研究院有限公司、国电南瑞南京控制系统有限公司、杭州协能科技股份有限公司的大力支持，在此一并衷心感谢。

本书旨在提供电网侧电池储能站设计方面的工程实用技术，以期为相关从业人员提供有益参考。电网侧电池储能技术仍在发展过程中，相关设计经验需不断积累，加之作者水平有限，书中不足之处在所难免，敬请广大读者批评指正。

编　者

2020 年 6 月

目　录

第1章 概述

近年来，随着全球气候变暖及人类环保意识的不断提高，绿色、低碳、可持续发展已成为国际共识。在这一背景下，国际能源格局正在发生重大变革，能源系统从化石能源绝对主导向低碳多能融合方向转变的趋势日渐明晰。中国作为发展中的大国，能源需求不断扩大。我国能源供应主要依靠以煤炭为代表的化石燃料，为降低碳排放量，满足人民对美好生态环境的需求，中国坚定不移地启动了能源革命的重大战略，对延续数十年的传统能源生产、能源消费和能源管理体制进行变革，不断对能源生产和消费技术进行创新，以风电、光伏为代表的可再生能源发电比例得到大幅提升。在能源革命中，储能技术在电力领域的应用得到各市场主体的重视。储能技术的发展对解决风能和太阳能等可再生能源大规模接入、多能互补耦合利用、终端用能深度电气化、智慧能源网络建设等战略问题具有重要意义。目前，各类储能工程应用中抽水蓄能电站所占比例最大，而电化学电池储能技术以其灵活、快速、无特殊场地要求的特点，成为最具发展潜力的储能方式。本章将主要对电化学电池储能技术的应用做简要探讨。

1.1 电池储能技术

电化学电池储能电站（battery energy storage station，BESS）是采用电化学电池作为储能元件，可进行电能存储、转换及释放的电站。电站可以由若干个不同或相同类型的电化学电池储能系统组成。电化学电池储能电站利用基于电力电子技术的功率变换系统（power conversion system，PCS）实现储能电池与电网的能量交换。通过在电站功率变换系统应用不同的控制策略，电化学电池储能电站可为电力系统的安全稳定运行、高质量供电提供有力支撑，如削峰填谷、调频调压、降低新能源引起的功率波动、应急保障供电等。

1.1.1 电化学电池储能电站的技术特点

储能技术种类繁多，电化学电池储能技术仅是其中一大类。除此之外，储能技术还有机械储能、电磁储能、热储能以及化学储能四大类。由于所采用的原理不同，这些储能技术拥有不同的技术特点。

机械储能的应用形式主要有抽水蓄能、压缩空气储能和飞轮储能。抽水蓄能已在电力系统中得到重要的应用，其储能容量大，适用于系统的削峰填谷、频率调节。但该技术对储能电站厂址要求严格，难以直接为城市的供电提供储能服务。压缩空气储能具有同样的局限性，目前在国内应用较少。飞轮储能能够存储的能量较小，造价成本较高，但响应速度较快，多用于工业和 UPS 中，适用于配电系统运行。

电磁储能主要有超级电容储能、超导储能等。这类储能技术无能量形式的转换，故充放电速度极快，可适用于对功率响应速度要求较高的应用场所。但能量密度相对较低，造价成本相对较高。

热能储能技术利用高温化学热工质，将能量以热能的形式存储在隔热容器中，可以存储的能量相对可观，能量转换效率较低，且容易受到场地的限制，目前较少在电力系统中应用。

化学储能则是利用多余的电能制氢或合成天然气进行存储。需要释放存储能量时，又需通过化合反应将能量转换至电能。这种技术下，能量存储、释放的全周期效率较低。

相对于其他四类储能技术，电化学电池储能技术的综合性能相对较好，可适用于较多的应用场所，是装机规模仅次于抽水蓄能的储能技术，且保持着较快增长。电化学电池储能在采用模块化集成技术后，可方便地进行容量的扩展，储能站规模可至上百兆瓦，适用于电网侧储能应用的需求。以锂电池为代表的电化学电池储能载体比能量高，亦可应用至用户侧储能。电化学电池储能技术充放电速度较快，可达到毫秒级别，既能削峰填谷，又可快速响应电网频率动态。电化学电池储能中采用电力电子技术以实现并网，电力电子装置的灵活可控性则使储能电站能够根据系统需求改变其外特性，进而能够更好地为系统提供支撑。此外，电化学电池储能电站对厂址的要求相对较低，可适用于城市供电。若该技术的经济性能得到进一步的提高，其在电网侧将得到更大规模的应用。

1.1.2 电化学电池储能电站的基本结构

电化学电池储能电站中，依据各主体部分功能的不同，可分为储能单元、功率变换系统以及监控与调度管理系统三大部分。图 1-1 给出了电化学电池储能电站结构示意图，其中储能单元由储能电池组以及与之对应的电池管理系统（battery management system，BMS）组成，功率变换系统由储能变流器与对应的控制系统构成，监控与调度管理系统包含中央控制系统和能量管理系统（energy management system，EMS）。

1. 储能单元

在电化学电池储能电站中，电化学电池是基本的储能载体。多个单体电池（cell）通过必需的装置（如外壳、端子、接口、标志及保护装置）装配组合构成了电池组（battery module），电池组中

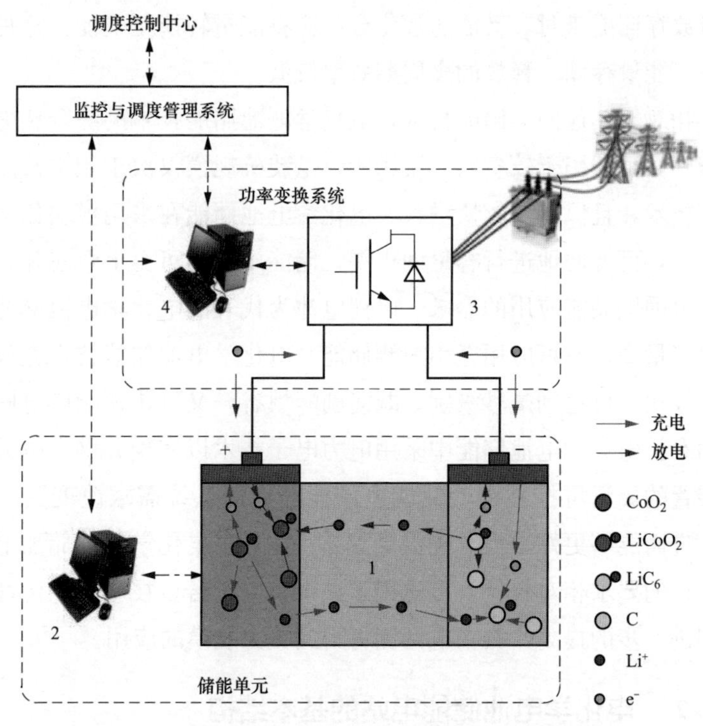

图 1-1　电化学电池储能电站的基本结构

1—储能电池组；2—电池管理系统；3—储能变流器；4—变流器控制系统

电池的状态受到电池管理单元的监测并反馈至上一级系统。电池组与电池管理系统的有机组合构成了电站中的储能单元。储能单元的简化示意图如图 1-2 所示。目前，工程实际中，电池储能单元一般设计为集装箱安装形式，并配以空调实现电池运行环境的可靠调节，图 1-3 给出了某电池储能电站工程现场中集装箱内储能单元内部的安装示意图。

电化学电池作为能量存储的载体，是电站中的核心元件。随着电化学技术的进步，不同种类的电池被开发并商业推广。当前主流的电化学电池储能电池主要有铅酸电池、锂离子电池、液流电池和钠硫电池等，这些电池的性能和经济性各不相同。受安全性、能量密度、循环寿命和成本等因素的影响，实际工程中不同类型的电池适用于不同的应用场景。表 1-1 中给出了不同电化学电池储能电池的特性比较。

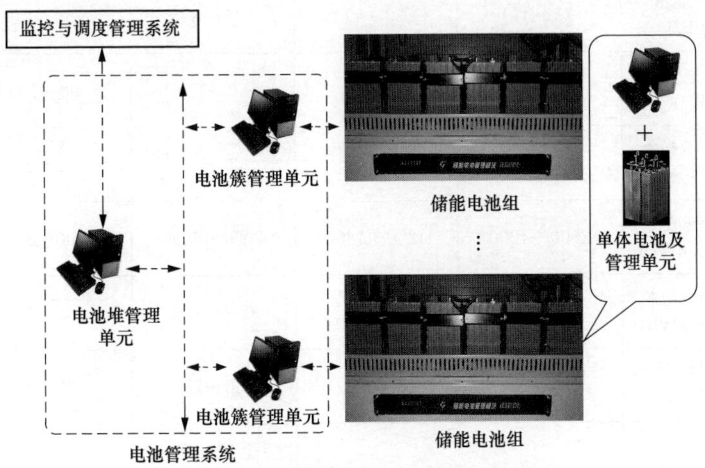

图 1-2　储能单元结构示意图

图 1-3　集装箱式储能单元安装示意图

表 1-1　　主要电化学电池储能电池的特性比较

性能指标	锂离子电池	铅碳电池	液流电池（全钒、锌溴）	钠硫电池
比能量（Wh/kg）	75～250	30～60	15～85	150～240
比功率（W/kg）	150～315	75～300	50～170	90～230
循环寿命（千次）	2.5～5	2～4	2～10	2～3
系统成本（元/kWh）	2500～4000	1250～1800	2000～6000	2000～3000
度电成本（元/kWh）	0.9～1.2	0.45～0.7	0.7～1.2	0.9～1.2
充放电效率（%）	85～98	80～90	60～75	70～85
安全性	过热爆炸危险	铅污染	全钒比较安全，锌溴有溴蒸汽泄漏风险	钠泄漏风险
优点	比能量高、循环性能好、充放效率高、环保	循环性能好、度电成本低、可回收	一次性好、可靠性高、寿命长、规模大	比能量大、高功率放电
缺点	成本高、不耐过充过放、安全性需提高、低温性能差	比能量小、场地要求高	维护成本高、能量密度低、自放电严重	工作温度高、过度充放电时很危险

在上述电化学电池储能电池中，锂离子电池以其长寿命、高能量密度、高充放效率而突出，目前在多种应用领域都比较具有优势，在全球现有装机容量中远超其他电化学电池储能技术。特别是磷酸铁锂、钛酸锂技术以及未来先进负极技术、电解质技术的发展，锂电池技术在储能市场中将具有更重要的地位。但锂离子电池热稳定性相对较差，存在一定的安全隐患。如何克服锂离子电池热

失控引发的安全风险是锂离子电化学电池储能进一步发展的重要技术挑战。铅碳电池是在传统铅酸电池的基础上对负极活性材料进行改进而成，其性价比优势显著，但铅容易造成环境污染。液流电池循环性能好，容量和功率可独立调节，电池安全性能高，适合规模化储能，但也存在维护成本高、能量密度低与自放电现象严重等缺陷。钠硫电池性能较好，在国外已有成熟应用，日本在这一技术领域走在世界前列。总的来看目前尚未出现单一电池技术能够完全满足循环寿命、可规模化制造、安全性、经济性和能效五项关键指标。

储能单元中电池管理系统（BMS）负责监控电池电量与非电量状态信息（温度、电压、电流、荷电状态等），对电池运行状态进行优化控制及全面管理，并为电池提供通信接口和保护。图 1-4 给出了电池管理系统主要的功能。

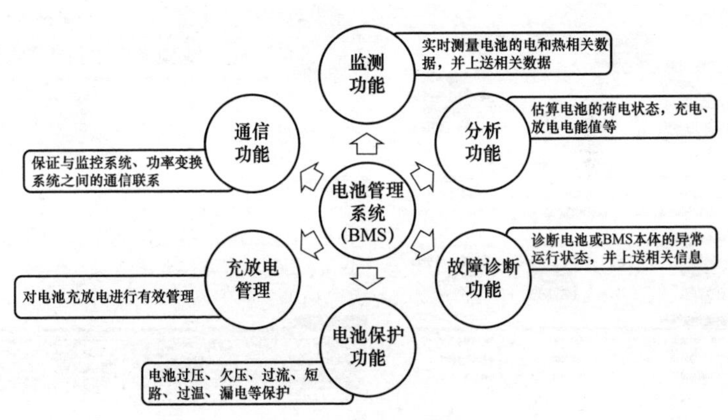

图 1-4　电池管理系统主要功能示意图

2. 功率变换系统

功率变换系统（PCS）是与储能电池堆配套，连接于电池堆与电网之间，把电网电能存入电池堆或将电池堆能量回馈到电网的系统，主要由变流器系统及其对应的控制系统构成。变流器系统利用全控型电力电子器件的开通和关断对直流侧电压进行载波调制，实现对其交流侧电压的有效控制，进而控制电能的双向流动。实际工程应用中，功率变换系统可能采用不同的拓扑结构，如一级变换拓扑型、二级变换拓扑型、H 桥链式拓扑型等。不同的拓扑结构拥有不同的优缺点，适用于不同的应用场景。

3. 监控与调度管理系统

储能电站的监控与调度管理系统是整个储能系统的控制中枢，负责监控整个储能系统的运行状态，保证储能系统处于最优的工作状态，图 1-5 给出了某储能电站监控与调度管理系统示意图。储能电站监控系统是联结电网调度和储能系统的桥梁，一方面接受电网调度指令，另一方面把电网调度指令分配至各储能支路，同时监控整个储能系统的运行状态，分析运行数据，确保储能系统处于良好的工作状态。

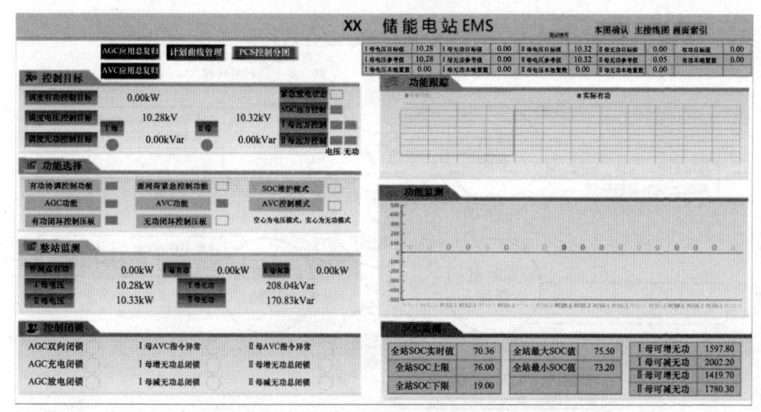

图 1-5　电池储能电站监控与调度管理系统示意图

储能电站监控系统的主要功能有 SCADA、诊断预警、全景分析、优化调度决策和有功无功控制。监控系统通过对电池、变流器及其他配套辅助设备等进行全面监控，实时采集有关设备运行状态及工作参数并上传至上级调度层，同时结合调度指令和电池运行状态，进行功率分配，实现相应的控制策略和控制目标。

1.2 电池储能电站的现状及预期

应用电化学电池储能技术可有效地实现需求侧管理、消除峰谷差、平滑负荷，可以提高电力设备运行效率、降低供电成本，还可以促进可再生能源应用，提高电网运行稳定性和可靠性。此外，该技术可以协助系统在灾害事故后重新启动与快速恢复，提高系统的自愈能力。

在过去的电力系统储能应用中，受经济性和技术成熟度的影响，抽水蓄能这一机械储能方式被商业化推广。但随着电化学电池储能技术的发展，其经济性和可靠性得到了快速的提高，其应用也从小容量小规模的研究、示范项目发展为大容量与规模化的商业化应用。根据《储能产业研究白皮书 2018》，“截至 2017 年年底，全球电化学电池储能的累积装机规模紧随抽水蓄能之后，为 2926.6MW，同比增长 45%。在各类电化学电池储能技术中，锂离子电池的累积装机占比最大，超过 75%。2017 年，全球新增投运电化学电池储能项目装机规模为 914.1MW，同比增长 23%。新增规划、在建的电化学电池储能项目装机规模为 3063.7MW，预计短期内全球电化学电池储能装机规模还将保持高速增长。中国新增投运电化学电池储能项目的装机规模为 121MW，同比增长 16%。新增规划、在建中的电化学电池储能项目的装机规模为 705.3MW。”

从 1986 年德国建成世界上第一个铅酸电化学电池储能电站起，全球的电化学电池储能电站项目逐年增加，且规模不断扩大。以美国为代表的西方国家对大规模电化学电池储能电站建设的投入巨大，美国在加利福尼亚、宾夕法尼亚等州建立了大量不同形式的储能电站，其应用涵盖辅助服务、用户端、分布式发电与微网、大规模可再生能源并网等领域。国内虽然起步较晚，但发展迅速，产业链日趋完备，大规模新能源的开发与并网也间接地推动了储能电站建设。下文以电化学电池储能电池的原理为分类标准，对国内外的相关工程进行介绍。

1.2.1 锂离子电化学电池储能工程

目前以锂离子电池为能量载体的储能电站在各类电化学电池储能技术中是全球以及中国拥有最大的装机规模。锂离子电池在电网侧储能电站应用这一技术中，美国处于领先地位。美国电科院在 2008 年已经进行了磷酸铁锂离子电化学电池储能系统的相关测试工作。在 2009 年，美国 A123 Systems 公司与 GE、AES 公司合作在宾夕法尼亚州将 2MW 的 H-APU 柜式磷酸铁锂电化学电池储能系统接入了电网；后来又将兆瓦级磷酸铁锂电化学电池储能系统分别接入了加利福尼亚的 2 个风电场。而后日本、韩国、智利等国家相继在电网中建设了规模较大的锂离子电化学电池储能电站。

中国是锂离子电池生产大国以比亚迪公司为代表的电池企业十分注重锂离子电化学电池储能的电力应用技术。2008 年，比亚迪公司开发出基于磷酸铁锂电池储能技术的柜式储能电站并于 2009 年 7 月在深圳建成我国第 1 座磷酸铁锂离子电化学电池储能电站。

表 1-2 中给出了部分国内外锂离子电化学电池储能电站工程应用项目。2019 年长沙市电化学电池储能电站示范工程并网成功，将锂电化学电池储能电站在电网中的应用推向新的高度。该电站建设总容量为 60MW/120MWh，共分为 3 个接入点，具体分布如表 1-3 所示，其中芙蓉变储能电站为全国首个规模最大的室内布置电化学电池储能电站。图 1-6 给出了湖南省长沙市榔梨储能站的俯视图。

表 1-2　国内外典型锂离子电化学电池储能电站工程项目

安装地点		应用功能	储能电站规模	投产时间
国外	美国俄勒冈州 Salem	提高配电系统可靠性、削峰填谷	5MW×0.25h	2012 年
	美国加利福尼亚州 Elkins	平滑风电场输出功率，辅助出力爬坡	32MW×0.25h	2011 年
	智利阿塔卡玛 Copiapo	备用电源、辅助调频	12MW×0.33h	2009 年
	智利安多法加斯达 Mejillones	备用电源、辅助调频	20MW×0.33h	2011 年
	日本宫城县仙台变电站	辅助调频、改善系统稳定性	40MW×2h	2015 年
国内	深圳	改善电能质量	1MW×4h	2010 年
	辽宁锦州塘坊风场	提高风电接纳能力	5MW×2h	2011 年
	张北风光储输示范工程	平抑新能源波动	6MW×6h	2011 年
	江苏镇江电化学电池储能项目	削峰填谷、延缓新建机组	101MW/202MWh	2018 年
	河南电网电化学电池储能示范工程	削峰填谷	100MW/100MWh	2019 年
	长沙电化学电池储能示范工程	削峰填谷	60MW/120MWh	2019 年

表 1-3　长沙市电化学电池储能电站示范工程各子站工程

序号	工程名称	建设规模
1	榔梨变储能电站	24MW/48MWh
2	芙蓉变储能电站	26MW/52MWh
3	延农变储能电站	10MW/20MWh
总计		60MW/120MWh

图 1-6　长沙市榔梨变储能电站俯视图

1.2.2　铅酸电化学电池储能工程

铅酸电池的储能应用较早，在国外有较多的工程应用。中国加入 WTO 后，国外大型电池厂商选择在中国建厂或合资生产制造铅酸蓄电池。目前中国的铅酸蓄电池产量占世界的 1/3，且生产研发技术与国际先进水平差距已不明显。但国内基于铅酸电池的大型储能电站较少。表 1-4 梳理了国内外较为大型的铅酸电化学电池储能工程项目。

表 1-4　国内外部分铅酸电化学电池储能电站工程项目

安装地点		应用功能	储能电站规模	投产时间
国外	德国柏林 BEWAG	热备用、电力调峰和调频	8.5MW×1h	1986 年
	美国加利福尼亚州 Chino	热备用、平衡负荷、电能质量控制	10MW×4h	1988 年
	波多黎各 PREPA	热备用、频率控制	20MW×0.7h	1994 年
	美国夏威夷 Oahu	风电场出力爬坡、备用电源	15MW×0.25h	2011 年
	美国德克萨斯州 Notrees	Notrees 风场的调频、削峰填谷、电能质量改善	36MW×0.25h	2012 年

续表

安装地点		应用功能	储能电站规模	投产时间
国内	河北张北国家风电监测中心	跟踪风电计划出力，削峰填谷，改善电能质量	100kW×6h	2012 年
	温州市鹿西岛并网型微网示范工程	改善电网质量、提高电网可靠性	2MW×2h	2014 年
	南方电网退役电池梯级利用储能示范工程	电池梯级利用、削峰填谷	1.872MWh	2018 年

1.2.3 液流电化学电池储能工程

液流电池随单价成本较高，但循环寿命较长，使其单次循环的度电成本与铅炭、锂离子电池相比也具有一定的竞争力，故也有相应的工程应用。以全钒液流电池为例，这一电池最早由澳大利亚新南威尔士大学发明，而后日本投入大量人力物力，成功开发出多种不同规模的液流电化学电池储能系统。日本住友电工在这一领域拥有领先的技术。图 1-7 展示了住友电工与北海道电力株式会社合作开发 15MW×4h 储能电站内部图。中国在液流电化学电池储能技术中，起步相对较晚，但经过多年研究后，基于该技术的储能电站

2楼监控室

2楼电堆

图 1-7　日本北海道南早来变电站 15MW/60MWh 全钒液流电化学电池储能电站（一）

1楼功率变换系统

1楼电解液罐

图 1-7　日本北海道南早来变电站 15MW/60MWh
全钒液流电化学电池储能电站（二）

也逐步由示范向商业化发展。表 1-5 给出了国内外部分液流电化学电池储能电站工程项目。此外，还有部分工程处在规划和建设中，如大连液流电化学电池储能调峰电站国家示范项目一期 100MW/400MWh 在稳步推进中。伴随着一系列大型项目的落地，我国在液流电池储能技术领域必将积累更多经验，掌握更多核心技术，并培养更多具备相关技术的工程人员。

表 1-5　国内外部分液流电化学电池储能电站工程项目

安装地点		应用功能	储能电站规模	投产时间
国外	日本北海道	平滑新能源出力、参与调频	15MW×4h	2015 年
	美国俄亥俄州 Painesville	提高电能质量	1.08MW×8h	2009 年
	爱尔兰风电场	平滑风电出力	2MW×6h	2006 年
国内	法库卧牛石风场	平滑风电出力	5MW×2h	2012 年
	张北风光储输示范工程	平滑新能源出力	2MW×4h	2012 年

1.2.4　钠硫电化学电池储能工程

钠硫电池最早发明于 20 世纪 60 年代中期。从 1983 年开始日本 NGK 公司和东京电力公司合作成功开发了用于电网储能的大容量钠硫电池。2004 年 7 月，日本投运了 1 座 9.6MW/57.6MWh 的钠硫蓄电化学电池储能电站，该储能电站设计的最大功率达到 20MW，是当时世界上最大的钠硫储能电站。目前该公司全球已有 193 座钠硫电化学电池储能站在运行中，总容量 3670MWh。目前日本公司由于前期研发投入较大，对这一储能技术掌握较为成熟。我国虽已开展相关研究，但由于起步较晚，尚未掌握这一储能的核心技术，故这一类型的储能技术在国内工程化应用较少。表 1-6 给出了国内外部分钠硫电化学电池储能电站的实际工程应用。

表 1-6　　国内外部分钠硫电化学电池储能电站工程项目

安装地点		应用功能	储能电站规模	投产时间
国外	日本东芝自动化系统工厂	平衡负荷	9.6MW×6h	2004 年
	日本青森县六所村风电场	平衡负荷、平滑风电出力	34MW×7.2h	2008 年
	美国 California Utility	平衡负荷	2MW×6h	2012 年
	日本 Oki Islands，Shimane	平衡负荷、辅助服务	4.2MW×6h	2015 年
	日本 Fukuoka，Kyusyu	平衡负荷	50MW×6h	2016 年
国内	中国上海硅酸盐所嘉定南门产业化基地	平衡负荷、项目示范	0.1MW×8h	2010 年
	上海崇明岛	平衡负荷	0.2MW×6h	2014 年

电化学电池储能具有设备机动性好、响应速度快、能量密度高和循环效率高等技术优势，已具备在电网侧大规模商用的潜力，并且伴随着电化学技术、电力电子器件、计算机控制、信息处理等技术的不断发展，其经济性、安全性、可靠性将不断提高。电化学电池储能电站可有助于增强电网的安全可靠性、经济性、高效性以及提升电网新能源的消纳能力，为推动电网向清洁化、低碳化、智能化转型提供有力支撑，助力国家的产业结构升级。随着国家对能源

结构转型的重视，其在可预见的未来将出现爆发式的增长。

1.3　大容量电池储能电站运营模式

电化学电池储能技术作为新兴的电力储能技术，其在电力系统中的应用仍然处于初始阶段，建成的电化学电池储能电站多以工程示范为主，适用于电化学电池储能电站可持续发展的运营模式仍有待挖掘。本节主要聚焦于现有电化学电池储能电站工程项目的主要应用，探讨其主要运营模式。

大容量电化学电池储能在电网中的运营可按照其所配置的位置（源、网、荷）、出力类型（功率型、能量型）等方式进行归类。本节主要根据储能在电网中的安装位置对其运行模型进行讨论。

1.3.1　大容量电化学电池储能电站在电源侧的运营

1. 电化学电池储能参与可再生能源电站的配套服务

随着风电、光伏装机容量的跨越式发展，我国跃居成可再生能源利用大国，但风电、光伏固有的强波动性也为电力系统的安全稳定运行带来了极大挑战，并造成了大规模弃风、弃光的问题。在这一背景下，电化学电池储能电站为风电、光伏等新能源发电提供配套服务具有一定潜力。电化学电池储能应用于这一领域的主要作用是平滑风电/光伏电站出力、辅助电站跟踪调度计划出力。此外，还可利用储能变流器为系统提供无功支撑。目前，电化学电池储能电站的建设成本仍然较高。在这一运行模式下，储能收益来源于新能源电站减少弃电所带来的收入，其投资回报率仍然较低，电站方主动投资配套储能的动力不强。这一模式对于早期投运并网、上网电价较高且存在弃电的部分新能源项目有一定吸引力。从长远来看，未来我国电力系统辅助服务市场机制加大后，对可再生能源电站的考核力度有可能提高（对风电/光伏电厂波动性、调频能力、调压能力等指标进行考核）。这种情况下可再生能源电站配套储能的意愿将有所提高。

2. 电化学电池储能电站参与系统调频的辅助服务

调频是电力辅助服务的主要内容之一，主要目的是维护电网的频率以使其达到相关电力质量标准的要求。电网的调频要求机组具有快速的功率响应能力，机组需保证实时在线且能随时增加或减小出力。当电网中发电出力不足，调频机组需立即增加出力，与此相反则需立即减小出力。电化学电池储能因为其快速响应能力及功率双向流动能力而满足这一要求。目前电网中一般由火电厂，特别是燃煤发电厂来承担调频任务，火电机组频繁的出力调整会显著增加发电机的磨损，增加火电厂的运营及维护成本，因此电化学电池储能与火电机组联合参与辅助调频服务成为一种具有吸引力的模式。

目前，电力辅助服务领域具备实际操作价值的管理规定多为各区域能监局制定的《并网发电厂辅助服务管理实施细则》与《发电厂并网运行管理实施细则》，该运营模式的净收入为包括所有辅助服务品种补偿、分摊、考核、返还四项的代数净收益。电化学电池储能与火电机组联合参与电力系统调频的商业模式基本采用合同能源管理，由电厂和电化学电池储能企业合作，电厂提供场地、电化学电池储能接入以及储能参与调频市场的资格，由电化学电池储能企业做投资、设计、建设、运营、维护，增量调频收益双方共享。以华北电网为例，其《两个细则》中，机组的调频性能对调频补偿收益具备放大效应，由于电化学电池储能系统响应速度快、控制精度高、调节性能好，“火电机组＋储能”联合调频在华北地区具备一定的经济效益。总的来看，电化学电池储能参与调频的收益受政策波动影响较大，调频政策直接影响到项目的收益水平。

1.3.2 大容量电化学电池储能电站在输电网络中的运营

1. 电化学电池储能电站参与优化电网投资

在实际电力系统运行中，随着经济的发展，电力需求不断增长，部分地区可能需要扩建电网，如升级变电站或建设额外的输配电线路，以满足负荷侧的需求，这一投资数额巨大。事实上部分地区的峰值负荷并非长时间保持高位，仅在一年中很少时间出现（每年中几天的特定时段出现，持续数小时），如夏季或冬季部分时段的居民空调负荷。针对这类情况，在部分变电站配置少量电化学电池储能电站即可延缓输电设施的升级，甚至可能完全避免对输电网络的升级，进而节约上亿的投资，提高系统设备的利用效率。此外，在某些情况下，电化学电池储能的配置可延长输电设备的使用寿命，如通过电化学电池储能平滑峰值负荷可降低变压器负载水平，提高变压器使用寿命。目前，主流的电化学电池储能电站一般采用模块化的设计，容量灵活可调、建设速度快（几个月即可完成），相较升级电网输配电能力，建设电化学电池储能电站可快速解决系统部分用电峰值过高问题。为缓解谏壁电厂燃煤机组退役对镇江东部地区 2018 年夏季高峰期间用电的影响，江苏电网即采用了建设电化学电池储能电站的方案，有效地解决了峰值负荷对系统的冲击。需要指出的是，电化学电池储能电站用于优化电网投资既可针对高电压等级的主网，也可针对配电网的基建。

2. 电化学电池储能电站参与系统辅助服务

与电源侧电化学电池储能电站同火电机组联合参与系统调频服务类似，电网侧电化学电池储能电站同样可参与各类系统辅助服务。除参与系统调频外，还可承担备用发电、电压支撑等辅助服务。

所谓备用发电机组是指在系统需要时可及时提供出力的发电机组。一般情况下，可以分为以下三类：①旋转备用，一般指某类发电机组在线运行并留有足够容量，在调度需要时可在 10min 内做出功率响应；②非旋转备用，一般指非在线发电机组或是可以做出需求侧响应的负荷，可在 10～30min 内做出响应；③辅助备份，一般指可以在一小时内并网并处理的发电机组。一般常规发电机组提供上述三种备用服务时，通常需保证机组处于运行状态，这将造成机组一定程度的损耗，造成运营及维护成本。电化学电池储能则不存在这一问题，其并网热备用状态运行成本极小，可以随时被调用快速满功率出力。目前国内电网运营商已利用电网侧电化学电池储能电站的这一特点，将其纳入了系统保护的第二道防线。

安装在电网中关键节点的电化学电池储能电站也可参与系统调压服务。电网运行中除需满足电源出力与负荷平衡外，还需满足无功功率的平衡以保证系统中各节点电压处于合理范围内。实际电网运行中，调度部门通过投切电容器、电抗器来实现对系统电压的控制。电化学电池储能电站中的储能变流器基于全控型电力电子开关器件，可实现对有功/无功的独立调节。储能变流器即可输出容性无功功率，也可以输出感性无功功率。在实际运行中，可利用电网侧电化学电池储能电站调节其输出无功功率以调节关键节点的电压水平。特别是在配电网中，利用电化学电池储能电站灵活的无功调节特性，可有效提高电网对节点电压的控制能力，提高电网供电质量。

1.3.3 大容量电化学电池储能电站在负荷侧的运营

(1) 用户侧分布式能源应用。2017 年 10 月 31 日，国家发展改革委、国家能源局联合发布了《关于开展分布式发电市场化交易试点的通知》（发改能源〔2017〕1901 号），鼓励分布式电源“隔墙售电”、就近交易。由于目前试点对分布式电源考核不严，签订的电力交易合同仅为年（月）度电量交易合同，电力电量平衡由配网运营企业负责，因此分布式电源没有配套建设储能的动力。但是一旦交易规则改变，电网不负责兜底，且需要考核分布式发电的交易电量时，那么储能在分布式能源侧的价值将会显现。

（2）用户侧微电网应用。2017 年 7 月，国家发改委、国家能源局印发了《〈推进并网型微电网建设试行办法〉的通知》（发改能源〔2017〕1339 号），《办法》的出台，解决了大家对微电网定义方面，以及微电网建设运行过程中存在的争议，理清了微电网发展思路，对并网型微电网发展具有划时代的里程碑意义，将大大促进微电网的建设投资。储能作为微电网必不可少的部分，可以在微电网失去电源的时候为重要负荷持续供电、维持微电网电力供需平衡、作为黑启动电源帮助微电网快速自愈，以显著提高微电网的自治性；同时，储能也能提供调峰等辅助服务、开展需求侧响应，以显著提高微电网的友好性；另外，在今后微电网必须全电量参与电力市场时，储能还可以减少微电网弃风弃光现象。储能在微电网中的作用至关重要，在微电网不同运行情况下需要担负起不同的使命，但是在目前政策条件下，此种场景中储能的经济价值还难以定量的衡量。

（3）用电负荷调峰。用电负荷调峰是指储能以低谷用电和高峰放电的方式，利用峰谷电价差、市场交易价差获得收益或减少用户电费支出，同时达到平抑用户自身用电负荷差和缩小电网峰谷差的目的。由于储能在用户侧应用的政策存在缺失，通过峰谷价差套利，便成为目前我国储能产业仅有的“讲的清、算的明”的商业模式，且也是用户侧储能各类应用直接或间接的盈利模式。对于此种场景，适合于峰谷电价差较高，至少达到 0.75 元/kWh 以上，且用户负荷曲线较好，负荷搭配储能能够较好完成日内电量平衡的企业用户。但大部分地区的峰谷电价差较低，储能的投资回收期较长。

（4）用户节能效益。目前我国工业用户大多执行两部制电价，储能可以通过充放电调节用户用电曲线，合理地控制好用户每月最大需量，为企业降低需量电费。此种场景，储能调节用户用电曲线，其实质也是通过调峰的过程完成，因此在计算收益的时候，需要和用户侧调峰收益统筹考虑。

（5）用户需求响应。用户需求响应是指采取有效的激励措施，引导用户进行负荷管理，以使电力需求在不同时间段上得到合理分配，从而提高电力系统的使用效率和可靠性。从目前我国电力需求侧管理试点情况来看，一年当中，电力系统需要用户进行需求侧管理的时段较少，因此需求侧管理暂不能成为用户侧储能的主要商业模式。

1.4 大容量电池储能电站经济性分析

经济性评估是对大容量电化学电池储能电站项目的经济合理性进行计算、分析、论证，并提出结论性意见的全过程。在电池储能电站设计的前期可行性研究阶段需对电站建设的经济性进行全方位的评估，该评估结果直接影响到企业的投资行为。为此，本节主要对电池储能电站建设的成本进行简要梳理，并以某具体工程实际为例对电池储能电站的经济性分析进行展示。

1.4.1 电池储能电站的投资构成

大容量电化学电池储能电站的建设费用涵盖设计费、土地征用费、土建施工费、设备采购及安装调试费。

（1）设计费：涵盖工程的测量费、方案设计费、施工图纸设计费和人工费用，一般示电池储能工程规模的大小决定，规模越大则设计费用越高。

（2）土地征用费：主要有土地补偿费、土地投资补偿费（青苗补偿费、树木补偿费，地面附着物补偿费）、人员安置补助费、新菜地开发基金、土地管理费等。土地征用费的估算可参照国家和地方有关标准进行。该费用的多少则涉及电池储能电站的选址问题，一般电网公司建设的大容量电池储能电站采用了已有变电站备用土地，该费用相对较小。

（3）土建施工费：包括电池储能电站建设过程中各类土木工程所产生的费用，具体有高压室建筑、管道、电力、电信和电缆敷设构成的费用，预制舱基础、支柱、等建筑工程和金属结构工程的费用，为施工而进行的场地平整，完工后的场地清理，环境绿化，美化等工作的费用等。

（4）设备采购及安装调试费：主要用于采购储能电池及其管理成套系统，功率变换系统，能量管理系统，汇流柜、断路器、电压/电流互感器等一次设备，以及光差保护、自动化装置、源网荷互动终端等二次设备，一体化交直流电源等。其中储能电池在项目总投资中所占比重最高，可达到约 2/3 的比例。随着电池生产规模的扩大及产业链的完善，储能电池仍然有较大的降价空间。特别是目前国内安装量较大的磷酸铁锂电池，其成本价有望进一步下降。随着电池成本的下降，电池储能电站将更具经济性，市场也有望进一步扩大。此外，功率变换器系统也有望随着半导体器件的降价而降低成本。

1.4.2 经济性分析

前文就电池储能电站投资的成本构成进行了简要探讨，为了从直观的角度对电池储能电站的经济性分析进一步展开讨论，本小节结合具体实际的工程建设进行简要探讨，以供相关设计人员参考借鉴。这一部分主要给出电池储能电站建设的静态指标分析，并进行简要的财务评价，实际分析中以一个规模为 100MW/200MWh 的大容量电池储能电站为对象。

1. 静态指标分析

静态经济效益分析是不考虑项目投资的时间价值，也不对项目寿命期全过程的资金流量作总体分析的投资效益评估方法。对电池储能电站而言，年利用小时数、单位千瓦投资、单位度电投资、充放电次数、年运营成本等指标可作为投资项目的静态分析指标。这类指标与计算方法的特点是简单明了，便于掌握，即使某些外界相关资料一时难以搜集，也能较快地概略反映项目的盈利水平与回收能力。根据储能项目投资及效益进行静态经济指标分析，该电池储能电站主要的静态经济指标如表 1-7 所示。

表 1-7　　大容量电池储能电站静态经济指标分析

电池类型	磷酸铁锂
储能容量（MWh）	200
储能功率（MW）	100
年利用小时数（h）	约 1000
单位千瓦投资（元/kW）	7182
单位电度投资（元/kWh）	3590
投资成本（万元）	71817.7
充放电次数（次）	6000
充放电效率	0.9
年运营成本（万元）	7380

2. 简要财务评价

财务评价是根据国家现行财税制度和价格体系，分析计算大容量电池储能电站项目的财务效益和费用，编制财务报表，计算财务指标，考察项目盈利能力、清偿能力等财务状况，以判别项目投资的财务可行性。在财务评价中，所考察的是电池储能电站项目的清偿能力和赢利能力，追求的是企业赢利最大，考察的对象是项目本身的直接效益和直接费用。具体的财务分析法包括对比分析法、因素分析法和趋势分析法等。电池储能电站项目的财务评价是根据国家现行财税制度和现行价格，按国家发展改革委和建设部颁发的《建设项目经济评价方法与参数》（第三版）等要求，并参考类似已建成电网侧化学储能项目运行模式进行费用和效益计算，考察其获利能力、清偿能力等财务状况，以判断其在财务上的可行性以及满足财务可行性的上网电价的竞争力，具体的简要评价过程如下：

评价基本假设：项目计算期取 20 年，其中建设期 1 年，生产运营期 19 年，按资本金内部收益率 8%测算财务。

（1）按个别成本法（按资本金内部收益率 8%测算上网电价）。

1）投资。投资按照本阶段估算投资，电站按 1 年建成考虑。

2）总成本。按照现行的财税政策、成本费用参考已建成相关电站的情况初步拟定。

3）收益方式。考虑两种电站的收益方式：①储能电站作为独立主体，以竞价的方式或 0 单价将储能电站周边不能上网的电量吸收储存在储能电站内，在电网低谷或线路空闲时，将储能电站所储存电量放到网上，储能电站所放电量所产生的收入即为电站收益。②按照地区电网执行的峰谷电价政策，考虑储能电站利用谷段的低价从电网购入电量，在高峰用电期向电网供电，发电收入来自销售峰谷电价差的上网电量。

4）财务计算方案。项目收益与电站的年利用小时数密切相关，共分五种方案进行讨论。方案 1～方案 3 分别考虑储能电站年利用小时分别为 800、1000、1200h，考虑充电电价为 0，即利用低谷时系统弃电对电站进行充电，按照资本金内部收益率 8%测算电站上网电价。方案 4 考虑充电电价参照抽水蓄能电站，采用某地区火电上网标杆电价的 75%，按 0.2932 元/kWh 进行充电，电站充放电转化率 90%，按资本金内部收益率 8%测算上网电价。方案 5 考虑采用 0.2932 元/kWh，发电上网电价按照某省工业用电的高峰平均上网电价 1.3881 元/kWh，电站充放电转化率 90%，测算电站财务指标。

电价统一按电量电价表示。按照上述条件对储能电站进行财务测算，成果如表 1-8 所示。

表 1-8　　按个别成本法测算储能电站财务指标统计

方案	利用小时数（h）	充电电价（元/kWh）	上网电价（元/kWh，含税）	资本金财务内部收益率（%）	全部投资内部收益率（%）	投资回收期（年）
1	800	0	1.278	8.00	6.06	11.12
2	1000	0	1.03	8.00	6.06	11.13
3	1200	0	0.865	8.00	6.06	11.13
4	1000	0.2935	1.410	8.00	6.04	11.13
5	1000	0.2935	1.3881	7.21	5.68	12.3

方案 1～方案 3 考虑电站年运行小时数为 800～1200h，按资本金内部收益率 8%测算电池储能电站上网电价为 0.865～1.278 元/kWh（税后，下同）；方案 4 考虑充电电价 0.2935 元/kWh，满足资本金投资财务内部收益率 8%的上网电价为 1.41 元/kWh；方案 5 考虑充电电价 0.2935 元/kWh，上网电价按某省工业用电高峰段平均电价 1.3881 元/kWh 测算，财务内部收益率为 7.21%。

可见，电池储能电站电价水平相对较高，但与光热电站上网电价 1.15 元/kWh 相比，在不考虑充电电价的情况下，仍具有一定的竞争优势。若能获得政府补贴，或享受一定的财税优惠政策，上网电价有一定的下降空间。

（2）按可避免成本法。

1）容量电价测算。储能电站的容量电价以替代方案（可避免电源方案）的容量费用为定价依据。根据某省电力系统电源扩展优化计算结果，替代电源方案为燃煤火电。以替代燃煤火电的固定成本、固定税金及投资利润率作为电站容量价值的计算基础，容量价值与储能电站年上网容量的比值即为其容量电价。根据计算得到容量电价为 914 元/(kW·年)。

2）电量电价测算。以替代方案（可避免电源方案）的可变经营成本、与发电量有关的燃料费、可变税金作为储能电站的电量价值，电量价值与替代电源年上网电量的比值即为其电量电价。根据计算得到电量电价为 0.4848 元/kWh。

3）财务指标。经前述计算，容量价格取 914 元/(kW·年)，电量价格取 0.4848 元/kWh，以此作为可避免成本法财务评价计算的依据。项目财务指标汇总见表 1-9。

表 1-9　　按可避免成本法测算电池储能电站财务指标

项目		单位	指标
上网电价	容量价格	元/(kW·年)	914
	电量价格	元/kWh	0.4848
发电销售收入总额		万元	265772
总成本费用总额		万元	140216
销售税金及附加总额		万元	60351
利润总额		万元	65204
盈利能力指标	项目投资财务内部收益率（所得税前）	%	12.26
	项目投资财务内部收益率（所得税后）	%	10.46
	资本金财务内部收益率（所得税后）	%	20.20
	投资回收期（所得税后）	年	8.2

按可避免成本法计算的经营期上网容量电价为 914 元/(kW·年)、电量电价为 0.4848 元/kWh 测得项目相应全部投资财务内部收益率为 10.46%（所得税后），资本金财务内部收益率为 20.20%（所得税后），投资回收期为 8.2 年（所得税后），财务指标优越。可见项目经济性具备一定的比较优势。

第 2 章 电池储能技术标准

技术标准的发展与工程技术的进步密不可分，某一领域的标准体系形成以该领域科学、技术和实践经验的综合成果为基础，标准的实施和运用又可使行业实施规模化生产经营，进而促进行业良性发展。电化学电池储能技术的发展离不开标准的支撑，特别是电池储能电站的设计、施工、调试更需标准指导。近年来，电化学电池储能技术得到快速的发展，相关标准技术规范也在逐步完善。本章旨在对现有电化学电池储能技术相关标准规范进行梳理，并对电化学电池储能电站设计相关标准进行探讨。

2.1 电池储能技术标准发展现状

我国在电化学电池储能领域已经开展了较多的科研与实践活动，具有了一定的技术积累与应用经验，相关的标准与规范也在不断地发展与完善过程中。目前国内电化学电池储能技术标准与规范主要涉及系统要求、设备要求与检测、调试验收和运行维护等方面。本节就我国现有电化学电池储能技术标准，从国家标准、行业标准与企业标准三个方面进行讨论。

2.1.1 国家标准

为促进我国电化学电池储能产业健康发展，国家标准化管理委员会于 2014 年批准成立了全国电力储能标准化技术委员会（SAC/

TC 550），秘书处承担单位为中国电力科学研究院。全国电力储能标准化技术委员会负责电力储能技术领域的标准化技术归口工作，包括压缩空气储能、飞轮储能、热相变储能等物理储能方式；铅酸电池、锂离子电池、液流电池、钠硫电池等化学储能方式；超级电容储能、超导储能等其他储能方式，重点在电力储能规划设计、设备及试验、工程建设、运行维护等方面标准体系开展标准化工作，是 IEC/TC 120 电气储能系统技术委员会的国内对口标委会。

全国电力储能标准化技术委员会成立以来，积极推动电化学电池储能技术相关的国家标准制定，目前共制定 11 项标准，极大地推动了电池储能电站的建设。截至 2019 年，综合考虑标委会成立以前发布的相关国标，目前共有 12 项现行国家标准。电化学电池储能领域国家标准的详细信息见表 2-1。

表 2-1　　电化学电池储能领域国家标准

序号	标准号/计划号	标准名称	类别	状态	发布日期
1	GB/T 36545—2018	移动式电化学储能系统技术要求	推标	现行	2018-07-13
2	GB/T 36547—2018	电化学储能系统接入电网技术规定	推标	现行	2018-07-13
3	GB/T 36548—2018	电化学储能系统接入电网测试规范	推标	现行	2018-07-13
4	GB/T 36549—2018	电化学储能电站运行指标及评价	推标	现行	2018-07-13
5	GB/T 36558—2018	电力系统电化学储能系统通用技术条件	推标	现行	2018-07-13
6	GB/T 36276—2018	电力储能用锂离子电池	推标	现行	2018-06-07
7	GB/T 36280—2018	电力储能用铅炭电池	推标	现行	2018-06-07
8	GB/T 34120—2017	电化学储能系统储能变流器技术规范	推标	现行	2017-07-31

续表

序号	标准号/计划号	标准名称	类别	状态	发布日期
9	GB/T 34131—2017	电化学储能电站用锂离子电池管理系统技术规范	推标	现行	2017-07-31
10	GB/T 34133—2017	储能变流器检测技术规程	推标	现行	2017-07-31
11	GB 51048—2014	电化学储能电站设计规范	强标	现行	2014-12-02
12	GB/T 22473—2008	储能用铅酸蓄电池	推标	现行	2008-10-29
13	20132389-T-524	电化学储能电站运行维护规程	推标	征求意见稿	—

2.1.2 行业标准

国内储能行业标准的制定主要由国家能源局组织开展。国家能源局最早于 2011 年发布了能源行业标准 NB/T 31016—2011《电池储能功率控制系统技术条件》，是有关电池储能的第一部标准，该标准规定了电池储能功率控制系统的工作环境条件、电气条件、技术要求、试验方法、检验规则等相关内容。

目前共发布了电化学电池储能技术相关的行业标准 9 项，其中 7 项为能源行业标准，分别涉及储能接入配电网技术要求、测试条件及方法、运行控制及检测等方面，2 项为电力行业标准，分别涉及电化学电池储能电站设备可靠性评价、标识系统编码等。这些标准以现有电网结构和配置以及储能技术发展水平为基础，结合我国现有电化学储能系统推广应用实践，总结、吸收了我国在电化学储能系统接入电网方面的研究成果和经验，在较大程度上反映了目前电化学储能技术水平，并具有一定的前瞻性。除上述已发布的标准，仍然有部分标准在编制过程中。电化学电池储能技术相关的行业标准具体情况如表 2-2 所示。

表 2-2　　电化学电池储能领域行业标准

序号	标准号/计划号	标准名称	状态	发布日期
1	NB/T 42091—2016	电化学储能电站用锂离子电池技术规范	发布	2016-08-16
2	NB/T 42090—2016	电化学储能电站监控系统技术规范	发布	2016-08-16
3	NB/T 42089—2016	电化学储能电站功率变换系统技术规范	发布	2016-08-16
4	NB/T 33014—2014	电化学储能系统接入配电网运行控制规范	发布	2014-10-15
5	NB/T 33015—2014	电化学储能系统接入配电网技术规定	发布	2014-10-15
6	NB/T 33016—2014	电化学储能系统接入配电网测试规程	发布	2014-10-15
7	NB/T 31016—2011	电池储能功率控制系统技术条件	发布	2011-08-06
8	DL/T 1815—2018	电化学储能电站设备可靠性评价规程	发布	2018-04-03
9	DL/T 1816—2018	电化学储能电站标识系统编码导则	发布	2018-04-03
10	能源 20110403	大容量电池储能站蓄电池技术规范	送审稿	—
11	能源 20110404	大容量电池储能站监控系统与电池管理系统通信协议	送审稿	—

2.1.3　团体与企业标准

为规范电化学电池储能技术在工程实践中应用，企业界较早开始对其技术进行规范制定，其中以国家电网有限公司最为重视。在2010 年起，国家电网有限公司相继发布了 11 项储能系统相关企业标准，标准涵盖了储能系统、储能电池、储能变流器等的设计、入网、运行和监控具体要求及实验方法，为后续储能相关标准的制定奠定了重要的基础。但由于当时的电化学储能技术尚不成熟，可参考研究成果与工程实践经验有限，所制定的标准存在一定局限性。该系列企业标准中涉及电化学储能系统并网的具体指标及操作步骤、方法等规定的都较为模糊，执行难度较大。

随着电化学电池储能领域产业链的逐步完善，各相关企业对标准规范的制定有更为迫切的需求。为此，中国电力企业联合会牵头集中开展了相关团体标准的制定工作，于 2018 年集中发布了 8 项团体标准，涉及储能系统监控、方舱设计、锂离子电池安全等方面的要求与规定，为电化学电池储能行业的发展提供了有力的推动作用。表 2-3 中给出了国内现有电化学电池储能技术相关的团体和企业标准。

表 2-3　　电化学电池储能领域团体和企业标准

序号	标准号/计划号	标准名称	状态	发布日期
1	T/CEC 176—2018	大型电化学储能电站电池监控数据管理规范	发布	2018-01-24
2	T/CEC 175—2018	电化学储能系统方舱设计规范	发布	2018-01-24
3	T/CEC 174—2018	分布式储能系统远程集中监控技术规范	发布	2018-01-24
4	T/CEC 173—2018	分布式储能系统接入配电网设计规范	发布	2018-01-24
5	T/CEC 172—2018	电力储能用锂离子电池安全要求及试验方法	发布	2018-01-24
6	T/CEC 171—2018	电力储能用锂离子电池循环寿命要求及快速检测试验方法	发布	2018-01-24
7	T/CEC 170—2018	电力储能用锂离子电池爆炸试验方法	发布	2018-01-24

续表

序号	标准号/计划号	标准名称	状态	发布日期
8	T/CEC 169—2018	电力储能用锂离子电池内短路测试方法	发布	2018-01-24
9	Q/GDW 11725—2017	储能系统接入配电网设计内容深度规定	发布	2018-06-27
10	Q/GDW 11265—2014	电池储能电站设计技术规程	发布	2014-12-31
11	Q/GDW 11220—2014	电池储能电站设备及系统交接试验规程	发布	2014-11-20
12	Q/GDW 1887—2013	电网配置储能系统监控及通信技术规范	发布	2014-01-29
13	Q/GDW 1886—2013	电池储能系统集成典型设计规范	发布	2014-01-29
14	Q/GDW 1885—2013	电池储能系统储能变流器技术条件	发布	2014-01-29
15	Q/GDW 1884—2013	储能电池组及管理系统技术规范	发布	2014-01-29
16	Q/GDW 697—2011	储能系统接入配电网监控系统功能规范	发布	2012-02-20
17	Q/GDW 696—2011	储能系统接入配电网运行控制规范	发布	2012-02-20
18	Q/GDW 676—2011	储能系统接入配电网测试规范	发布	2012-02-20
19	Q/GDW 564—2010	储能系统接入配电网技术规定	发布	2010-12-30

2.1.4 电化学电池储能技术标准梳理及展望

为进一步明晰现有电化学电池储能技术相关标准之间的关系，这一部分对上述标准进行了初步的梳理，将上述标准按照设计、系统性要求及测试、设备要求及测试、调试验收以及运行维护检修进行归纳整理，进而梳理得到各标准关系如图 2-1 所示。

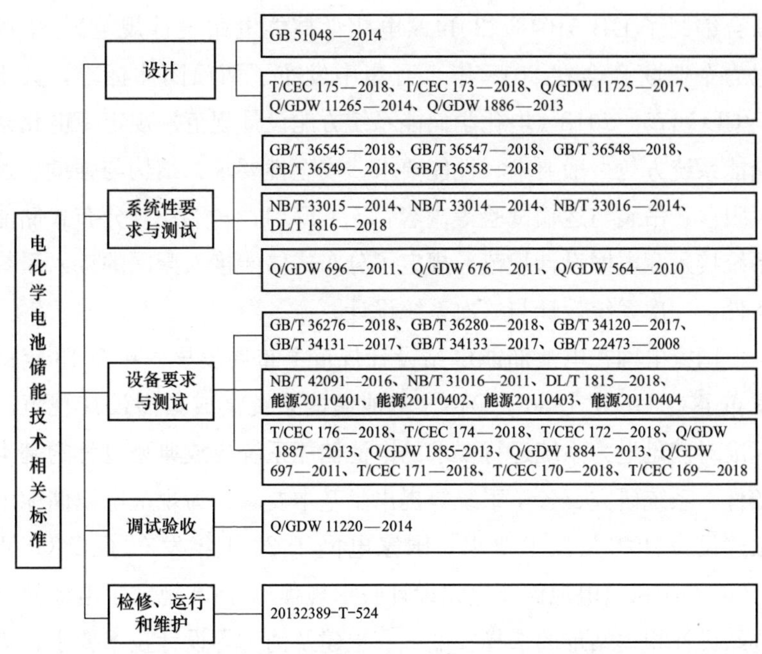

图 2-1　电化学电池储能技术相关标准分布图

从图 2-1 中可以看出，目前已有的国家标准、行业标准与企业标准主要集中在储能电站系统性要求与测试、设备要求与测试，而电池储能电站相关系统与设备的设计、调试验收、检修运维规范较少，仍需进一步完善标准规范体系，以促进电化学电池储能电站的进一步发展。

2.2　电池储能电站设计规范

设计规范是电化学电池储能电站建设的设计基础，目前电化学电池储能电站的设计规范主要有国家标准、团体标准与企业标准。为促进储能电站的建设，在住房城乡建设部统筹下，中国电力企业联合会与中国南方电网有限责任公司调峰调频发电公司等有关单位联合编制了 GB 51048—2014《电化学储能电站设计规范》。中国电力企业联合会在 2018 年 1 月集中发布了两项团体标准，其中 T/CEC 175—2018《电化学储能系统方舱设计规范》规定了电化学储能系统方舱一般要求、性能要求、安全性要求、结构与强度、通风阻沙、吊装与运输试验等内容，T/CEC 173—2018《分布式储能系统接入配电网设计规范》规定了分布式储能接入配网的接入系统条件、一次系统设计与二次系统设计。

国家电网在电池储能电站设计规范上布局较早，在 2013 年即发布了 Q/GDW 1886—2013《电池储能系统集成典型设计规范》，标准对满足电力系统运行要求的电池储能系统集成典型设计的基本条件、系统研究、各子系统等提出了基本要求；为规范电池储能电站建设设计相关技术要求，国家电网于 2014 年发布了 Q/GDW 11265—2014《电池储能电站设计技术规程》，标准规定了电池储能电站设计相关站址的选择、电气、土建及消防等设计技术要求；为规范储能系统接入配电网设计阶段的内容深度要求，促进储能与配电网协调发展，国家电网于 2018 年发布了 Q/GDW 11725—2017《储能系统接入配电网设计内容深度规定》，标准规定了以电化学形式或电磁形式存储电能的储能系统接入 35kV 及以下电压等级配电网设计内容深度的要求。

为了增强电化学储能电站相关设计规范的理解，本节重点选取部分标准进行探讨。上述标准与规范中，GB 51048—2014《电化学储能电站设计规范》、T/CEC 173—2018《分布式储能系统接入配电网设计规范》、Q/GDW 11265—2014《电池储能电站设计技术规程》存在一定的重叠度，故本节主要以 GB 51048—2014《电化学储能电站设计规范》为主进行电化学储能电站相关设计规范的探讨。同时，梳理 T/CEC 175—2018《电化学储能系统方舱设计规范》、Q/GDW 1886—2013《电池储能系统集成典型设计规范》与

Q/GDW 11725—2017《储能系统接入配电网设计内容深度规定》的技术内容。

2.2.1 GB 51048—2014《电化学储能电站设计规范》

该标准是针对电化学储能电站设计的唯一强制性国家标准，从站区规划与总布置、储能系统设备、电气一次、系统及电气二次、土建、采暖通风与空气调节、给水和排水、消防、环境保护和水土保持以及劳动安全和职业卫生等方面对电化学储能电站的设计进行规范，对电池储能电站的建设具有重要指导意义。该标准选择适用的电池储能电站储能系统规模为额定功率不小于 500kW 且放电时间不小于 1h。

1. 站址选择

标准对电化学储能电站的站址选择要点进行了规范。标准规定站址选择需根据电力系统规划设计的网络结构、负荷分布、应用对象及位置、城乡规划、征地拆迁的要求进行，需满足防火、防爆要求，通过技术经济比较进行站址的确定。站址应节约用地，合理使用土地，提高土地利用率，推荐利用荒地、劣地、坡地、不占或少占农田，合理利用地形，减少场地平整土（石）方量和现有设施拆迁工程量。此外，站址应设置在有方便、经济的交通运行条件区域，减少站址与站外公路连接工程建设工作量，同时兼顾近期、远期发展需求，留有发展的余地。

标准对禁止建设电化学储能电站的场地进行了整理：地震断层和设防烈度高于九度的地震区；有泥石流、滑坡、流沙、溶洞等直接危害的地段；采矿陷落（错动）区界限内；爆破危险范围内；坝或堤决溃后可能淹没的地区；重要的供水水源卫生保护区；历史文物古迹保护区。考虑到电化学电池的特殊性及电化学储能电站运行的可靠性，标准不推荐将站址设置在多尘或有腐蚀性气体的场所。

此外，标准对电化学储能电站站址的防洪及防涝进行了规范。大型电化学储能电站站址场地设计标高应高于频率为1%的洪水水位或历史最高内涝水位；中、小型电化学储能电站站址场地设计标高应高于频率为2%的洪水水位或历史最高内涝水位；对于无法满足上述要求的站址，需设计可靠挡水设施或使主要设备底座和生产建筑物室内地坪标高高于上述高水位。

2. 站区规划和总布置设计

标准的这一部分对站区内部建筑物、设备、消防及运输通道、起吊空间、给排水系统、管道及沟道等的规划和布置进行了规范。特别考虑到电化学电池的热稳定特性，标准对电化学储能电站内建、构筑物及设备的防火间距进行了强制性规定，要求其防火间距不小于表2-4所示要求。

表2-4　电化学储能电站内建、构筑物及设备的防火间距　m

建、构筑物名称			甲类生产建筑	乙类生产建筑	丙、丁、戊类生产建筑		屋外电池装置			屋外配电装置		事故油池	生活建筑	
					耐火等级		甲类	乙类	丙、丁、戊类	每组断路器油量			耐火等级	
					一、二级	三级				<1t	≥1t		一、二级	三级
甲类生产建筑			12	12	12	14	12	12	12	10	12	10	25	25
乙类生产建筑			12	10	10	12	12	10	10	5	10	5	25	25
丙、丁、戊类生产建筑	耐火等级	一、二级	12	10	10	12	12	10	10	—	10	5	10	12
		三级	14	12	12	14	14	12	12	—	10	5	12	14
屋外电池装置	甲类		12	12	12	14	—	—	—	10	12	10	12	14
	乙类		12	10	10	12	—	—	—	5	10	5	10	12
	丙、丁、戊类		12	10	10	15	—	—	—	—	10	5	10	12

续表

建、构筑物名称			甲类生产建筑	乙类生产建筑	丙、丁、戊类生产建筑		屋外电池装置			屋外配电装置		事故油池	生活建筑	
					耐火等级					每组断路器油量			耐火等级	
					一、二级	三级	甲类	乙类	丙、丁、戊类	<1t	≥1t		一、二级	三级
屋外配电装置	每组断路器油量	<1t	10	5	—	—	10	5	—	—	—	5	10	12
		≥1t	12	10	10	10	12	10	10	—	—	5	10	12
油浸变压器	单台设备油量	5～10t	12	10	10	10	12	10	10	根据GB 50229规定执行	根据GB 50229规定执行	5	15	20
		10～50t											20	25
		>50t											25	30
事故油池			10	5	5	5	10	5	5	5	5	—	10	12
生活建筑	耐火等级	一、二级	25	25	10	12	12	10	10	10	10	10	6	7
		三级	25	25	12	14	14	12	12	12	12	12	7	8

3. 储能系统设计

标准的该部分对电化学储能电站的分类、储能单元、功率变换系统、电池及电池管理系统、布置等方面进行了规范。

（1）电化学储能电站的分类。在分类方面，标准分别根据电池类型与容量两种方式对电化学电池储能电站进行了归类，明确了大型、中型、小型电化学储能电站的划分方法。

（2）储能单元。标准在 5.2 部分对储能单元的整体设计要求进行了概况性论述，具体涵盖设备短路电流耐受能力、直流侧接地形式、直流侧电压设计原则、电池组成组方式、储能单元保护设备配置等内容，为储能电池单体的集成提供了有效的指导标准，主要从储能电站设计的宏观角度出发，并未对电池系统的成组方式及组数、容量配置、选型、响应速度等指标进行量化规定。

（3）功率变换系统、电池及电池管理系统。标准的 5.3、5.4 部分集中规范了功率变换系统、电池及电池管理系统相关技术指标。功率变换系统作为衔接电池系统与储能电站的中间系统，设计时需考虑对电池系统和电力系统均具备高度的兼容性。标准未对功率变换系统的保护功能、控制功能、电能质量要求进行量化规定，仅对这些功能所实现的目标进行了规定。考虑到功率变换系统本身即可根据控制需要向系统提供指定无功，设计过程中储能电站内可不再配置其他无功补偿装置。电池的成组及管理直接决定了电化学储能电站的运行可靠性与经济性，标准 5.4 中对电池成组的原则及电池管理系统的功能要求进行了宏观性的规定。后续推出的 GB/T 34120—2017《电化学储能系统储能变流器技术规范》、GB/T 34131—2017《电化学储能电站用锂离子电池管理系统技术规范》与 GB 51048—2014《电化学储能电站设计规范》的相关技术要求保持了一致性，同时更为详细的规范了电化学储能电站内相应子系统的技术要求。

（4）储能系统内设备的布置。标准在 5.5 中对储能系统布置的基本原则进行了规定，并对电池系统、功率变换系统以及电池管理系统的布置分别进行了要求，指出了需要考虑的问题。考虑到锂离子电池、钠硫电池、铅酸电池等对防火要求的特殊性，标准建议应根据储能系统容量、能量和环境条件合理分区布置。

4. 电气一次设计

标准在该部分对储能电站并网要求、电气主接线、电气设备选择、电气设备布置、站用电源及照明、过电压保护、绝缘配合及防雷接地、电缆选择与敷设进行了宏观性规定。需关注点主要有：

（1）标准在 6.1.4 中规定，电化学储能电站检测到电网异常时，一方面应在一定的时间内与电网断开，有效防止孤岛情况；另一方面，要保证必要的运行时间，以免因短时扰动造成的过多跳闸。标准对电化学储能电站的低电压穿越能力未做详细的要求，在GB/T 36547—2018《电化学储能系统接入电网技术规定》中进行了详细的规定。

（2）标准在 6.5.5 中，考虑到铅酸、液流电池潜在的燃爆危险，要求其室内照明应采用防爆型照明灯具，不应在室内装设开关熔断器和插座等可能产生火花的电器。

（3）在 6.7.2 中，对于液流电池系统电缆进出线的规定，主要针对电池系统漏液可能对下方电缆进线产生影响的情况。

5. 电气二次设计

标准在该部分对储能电站继电保护及安全自动装置、调度自动化、通信、计算机监控系统、二次设备布置、站用直流系统及交流不间断电源系统、视频安全监控系统进行了宏观性规定。需关注点主要有：

（1）为保证继电保护动作的可靠性、选择性、灵敏性与速动性，标准在 7.1.4 中规定储能电站与电力系统连接的联络线宜根据建设规模、接入系统情况及运行要求配置保护，宜采用光纤差动保护。

（2）为保证电化学储能电站监控的可靠性，标准在 7.4.7 中规定，大、中型电化学储能电站计算机监控系统宜采用双机双网冗余配置。

（3）标准明确了储能电站计算机监控系统的层级架构，在 7.4.8 中规定，大、中型电化学储能电站的电池管理系统和功率变换系统宜单独组网，并应以储能单元为单位接入站控层网络。

6. 土建设计

标准第 8 章对土建部分对建筑及结构的设计进行了宏观性论

述。建筑设计中，主要需要考虑储能电池的电化学特性，要求电池室应防止太阳光直射室内；对于有酸性电解液且为非密闭结构电池的电池室，应考虑地面、墙面、顶棚的防腐措施。

7. 采暖通风与空气调节设计

标准第 9 章明确规定了电站采暖通风与空气调节的设计依据，详细规定了电池室内设计温度参数、通风量。标准要求铅酸电池、液流电池等有氢气析出的电池室，电采暖设备及通风空调设备应采用防爆型设备。

8. 给水和排水设计

标准的第 10 章主要为给水和排水设计的宏观要求，针对液流电池储液罐的布置进行了详细规定。标准要求液流电池储液罐应布置在酸液溜槽内，并根据酸液事故储存池存在与否，明确规定了酸液溜槽容积设计的技术参数。

9. 消防设计

电化学储能电站中含有大量储能电池，存在电池热失控引发的起火、爆炸等风险，国内外已出现多起电化学储能电站起火事故，其消防设计尤为重要。标准在第 11 章从一般规定、消防给水和灭火设施、建筑防火、火灾探测及消防报警等四个方面对储能电站的消防设计进行了规范。

（1）标准 11.1.3 中对站内各建、构筑物和设备的火灾危险分类及其最低耐火等级进行了明确规定，具体见表 2-5。

表 2-5　建、构筑物和设备的火灾危险性分类及耐火等级

建、构筑物及设备名称		火灾危险性分类	耐火等级
电池室	铅酸电池、锂离子电池、液流电池	戊	二级
	钠硫电池	甲	一级
屋外电池设备	铅酸电池、锂离子电池、液流电池	戊	二级
	钠硫电池	甲	一级

续表

建、构筑物及设备名称		火灾危险性分类	耐火等级
配电装置楼（室）	单台设备油量 60kg 以上	丙	二级
	单台设备油量 60kg 以下	丁	二级
	无含油电气设备	戊	二级
屋外配电装置	单台设备油量 60kg 以上	丙	二级
	单台设备油量 60kg 以下	丁	二级
	无含油电气设备	戊	二级
	油浸变压器室	丙	一级
	气体或干式变压器室	丁	二级
	主控通信楼	戊	二级
	继电器室	戊	二级
	总事故贮油池	丙	一级
	生活、消防水泵房	戊	二级
	污水、雨水泵房	戊	二级
	雨淋阀室、泡沫设备室	戊	二级

（2）考虑到钠硫电池与锂电池热特性的特殊性，标准在 11.2.6 中明确规定钠硫电池是应配置砂池，锂电池室宜配置砂池。单个砂池容量不应小于 $1m^3$，最大保护距离为 30m。

（3）标准 11.3.1 中明确规定钠硫电池室应采用单层建筑，液流电池室宜采用单层建筑，其他类型电池室可采用多层建筑。

（4）标准在 11.4.2 中明确了电站内主要建、构筑物和设备火灾报警系统应符合表 2-6 所示的要求。

表 2-6　　电站内主要建、构筑物和设备火灾报警系统

建、构筑物和设备	火灾探测器类型
主控通信室	感烟或吸气式感烟
配电装置室	感烟、线型感烟或吸气式感烟
继电器室	感烟或吸气式感烟
功率变换系统室	感烟、线型感烟或吸气式感烟
电缆夹层及电缆竖井	感烟、线型感烟或吸气式感烟

2.2.2 T/CEC 175—2018《电化学储能系统方舱设计规范》

目前大型电化学电池储能电站的建造大多采用模块化的设计思路，电池通常安装在方舱内。但在电池储能技术发展的早期，作为电化学电池存放及工作的重要载体，方舱并未有相关标准对设计进行规范，直至中国电力企业联合会发布 T/CEC 175—2018《电化学储能系统方舱设计规范》。该规范规定了电化学储能系统方舱一般要求、性能要求、安全性要求、结构与强度、通风阻沙、吊装与运输试验等内容，适用于电化学储能系统方舱的设计、制造和验收。该规范相关要点梳理如下：

（1）规范 4.2 中对电化学储能系统方舱标识进行了统一规定，具体标识方法见图 2-2。

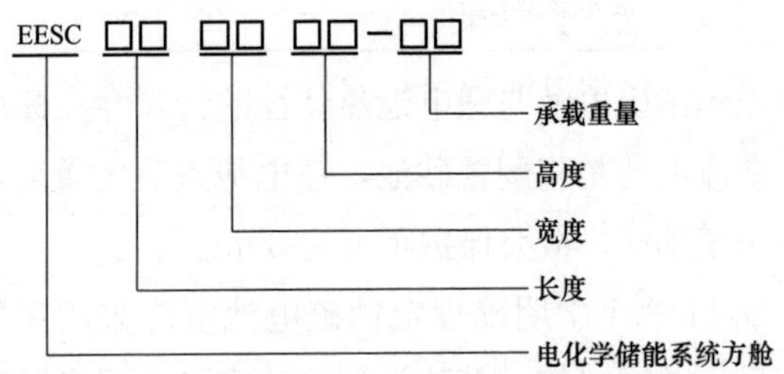

图 2-2 电化学储能系统方舱标识方法

（2）对电化学储能系统方舱各型号的尺寸与载重量进行了明确规定，具体的外形尺寸及方舱载重量见表 2-7。

表 2-7 电化学储能系统方舱外形尺寸及载重量

方舱型号	长度 L（mm）		宽度 W（mm）		高度 H（mm）		载重量（t）
	尺寸	公差	尺寸	公差	尺寸	公差	
EESC292424-16	2991	0～－5	2438	0～－5	2438	0～－5	16
EESC2924＊＊-16					＜2438		

续表

<table>
<tr><th rowspan="2">方舱型号</th><th colspan="2">长度 L（mm）</th><th colspan="2">宽度 W（mm）</th><th colspan="2">高度 H（mm）</th><th rowspan="2">载重量（t）</th></tr>
<tr><th>尺寸</th><th>公差</th><th>尺寸</th><th>公差</th><th>尺寸</th><th>公差</th></tr>
<tr><td>EESC602425-20</td><td rowspan="3">6058</td><td rowspan="3">0～−6</td><td rowspan="3">2438</td><td rowspan="3">0～−5</td><td>2591</td><td rowspan="3">0～−5</td><td rowspan="3">20</td></tr>
<tr><td>EESC602424-20</td><td>2438</td></tr>
<tr><td>EESC6024＊＊-20</td><td><2438</td></tr>
<tr><td>EESC912428-24</td><td rowspan="3">9125</td><td rowspan="3">0～−10</td><td rowspan="3">2438</td><td rowspan="3">0～−5</td><td>2896</td><td rowspan="3">0～−5</td><td rowspan="3">24</td></tr>
<tr><td>EESC912425-24</td><td>2591</td></tr>
<tr><td>EESC912424-24</td><td>2438</td></tr>
<tr><td>EESC122428-28</td><td rowspan="3">12192</td><td rowspan="3">0～−10</td><td rowspan="3">2438</td><td rowspan="3">0～−5</td><td>2896</td><td rowspan="3">0～−5</td><td rowspan="3">28</td></tr>
<tr><td>EESC122425-28</td><td>2591</td></tr>
<tr><td>EESC122424-28</td><td>2438</td></tr>
<tr><td>EESC132428-32</td><td rowspan="2">13716</td><td rowspan="2">0～−10</td><td rowspan="2">2438</td><td rowspan="2">0～−5</td><td>2896</td><td rowspan="2">0～−5</td><td rowspan="2">32</td></tr>
<tr><td>EESC132425-32</td><td>2591</td></tr>
</table>

注 EESC2924＊＊-16 型号中的＊＊表示该型号方舱的实际高度；EESC6024＊＊-20 型号中的＊＊表示该型号方舱的实际高度。

（3）考虑到电化学电池的热稳定性较差，规范规定电化学储能方舱应配置灭火系统，并配置烟雾传感器和温度传感器。灭火系统应具有声光报警功能，灭火控制应具有手动和自动方式，灭火系统可采用有管网和无管网形式，灭火剂储存量设计应符合 GB 50370《气体灭火系统设计规范》的规定，灭火系统设计喷放时间不应大于 8s。

2.2.3 Q/GDW 1886—2013《电池储能系统集成典型设计规范》

该标准对满足电力系统运行要求的锂离子电池储能系统集成典型设计的基本条件、系统研究、各子系统等提出了基本要求。规范中较为重点的内容梳理如下：

（1）给出了电池储能系统典型结构图如图 2-3 所示，为电池储能电站的设计提供了框架性的参考。

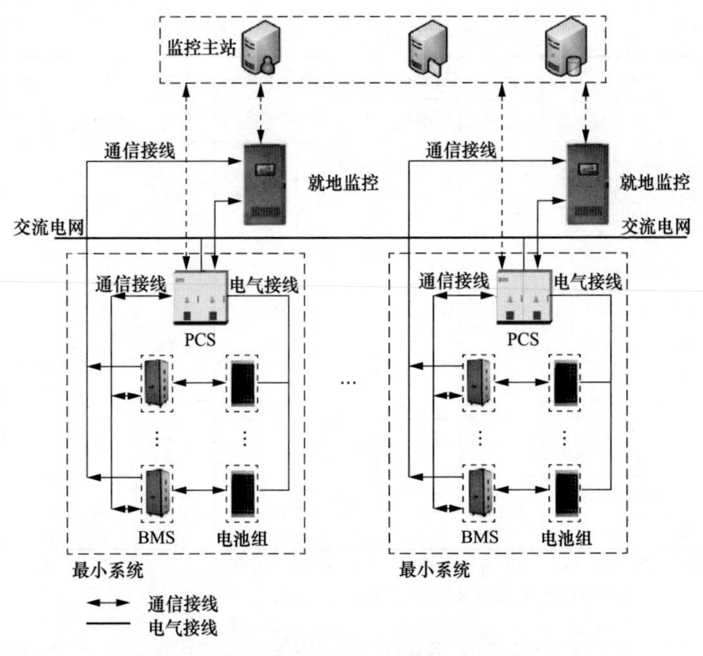

图 2-3　电池储能系统典型结构图

(2) 规范明确了电池储能电站设计中，需方所应提供的基本条件，包括环境条件、所接入系统条件、负荷条件、其他条件，为电化学储能电站设计的前期工作开展提供依据。

(3) 规范梳理了电站设计前期所需开展的系统研究项目，包括系统接入方式研究、主电路结构及主参数研究、储能系统动态特性研究、控制和保护策略研究、过电压与绝缘配合研究、保护配置和定值研究、装置的安装布置方式研究以及噪声控制研究。通过上述研究工作，可保障储能电站安全可靠运行，满足需方功能需求，确保设计指标的有效达成。

(4) 规范对储能系统的各子系统提出了基本要求，具体包括电池组及电池管理系统、储能变流器、监控系统、故障录波装置及辅助设备。目前已有针对储能电站子系统的相关标准，如 GB/T

36276—2018《电力储能用锂离子电池》、GB/T 34131—2017《电化学储能电站用锂离子电池管理系统技术规范》、GB/T 34120—2017《电化学储能系统储能变流器技术规范》、T/CEC 174—2018《分布式储能系统远程集中监控技术规范》等。故针对各子系统的详细技术要求可参考其他配套标准与规范。

2.2.4 Q/GDW 11725—2017 《储能系统接入配电网设计内容深度规定》

该标准主要规定了以电化学形式或电磁形式存储电能的储能系统接入 35kV 及以下电压等级配电网设计内容深度的要求，适用于国家电网有限公司经营区域内新建、改（扩）建的储能系统接入配电网的设计。该标准的应用可有效提高电化学储能电站设计的水平。标准中的重点内容如下：

（1）标准在第 4 章对设计依据和主要原则进行了梳理，具体内容包括：设计依据、设计范围、设计水平年和主要设计原则。

（2）标准的第 5 章规定了系统一次设计所需涵盖的内容深度，要求设计应包括储能系统概述、电力系统现状概况、电力系统发展规划（包括负荷水平、电源发展规划、电网发展规划）、电力平衡分析、接入系统方案、储能系统接入电网的其他要求、附图等内容。其中大部分内容在传统电气工程设计中也需涉及，而 5.6 所述内容则基于电池储能系统的运行特点提出。

（3）标准第 6 章对系统二次设计所涉及内容进行了规定，包括继电保护、安全自动装置、调度自动化、电能计量装置、电能质量在线监测、附图等内容。其中对继电保护部门提出了详细要求。

（4）标准第 7 章对系统通信涉及的设计内容进行了梳理，具体为通信现状概况、业务需求、系统通信方案、通信设备配置、附图等内容。

第3章 电池储能电站主要设备

电化学电池储能系统在发电、输电、变电、配电和用电等各个环节中得到广泛应用。根据 GB 51048—2014《电化学储能电站设计规范》中的定义：功率为30MW 且容量为30MWh 及以上的为大型电化学储能电站。电站主要由电化学电池、电池管理系统(BMS)、功率变换系统（PCS)、现地监控系统、中央监控与调度管理系统（含能量管理系统 EMS)、电气一次系统、电气二次系统、通信系统等组成。本章结合电池储能技术的特点，从系统设计原则、功能要求、设备配置、技术参数等方面对电化学电池储能电站主要设备进行讨论，并就相关设备的设计提供部分参考依据。

3.1　电池储能电站设计原则

电化学电池储能电站作为新兴的电力储能技术仍处于发展的初级阶段，相关的设计技术还未成熟，目前暂无典型设计经验可供参考。本节主要从宏观角度出发，就电池储能电站的设计原则进行简要探讨。为顺利使电池储能电站各项技术指标满足相关标准规范，工程人员可参考如下原则：

（1）电化学储能系统应配备电化学储能电池、电池架、电池柜、电池预制舱、电池管理系统 BMS、功率变换系统 PCS、现地监控系统、中央监控与调度管理系统（含能量管理系统 EMS）等。

（2）直流侧电压应根据电池特性、耐压水平、绝缘性能确定，不宜高于 1kV。

（3）电池组的成组方式及其连接拓扑应与功率变换系统的拓扑结构相匹配，并应减少电池并联个数。

（4）电池组回路应选用优质高分断直流断路器、隔离开关等开断保护设备，开断短路电流能力应满足安装点系统最大短路电流的要求。

（5）功率变换系统应具备并网充电、并网放电、离网放电功能，具有有功调节、无功调节、低电压穿越等能力。

（6）电池管理系统能够实现电池状态监视、运行控制、绝缘监测、均衡管理、保护报警及通信功能等，通过对电池状态的实时监测，保证系统的正常稳定安全运行；监测电池的一致性，通过均衡对电池进行在线式维护，保证电池成组的使用效率及寿命。

（7）电站接入电网的电压等级应根据电站容量及电网的具体情况确定。大容量电化学储能电站宜采用 10kV 或更高电压等级。

（8）电站接入电网公共连接点的电能质量应符合现行国家标准 GB/T 14549《电能质量　公用电网谐波》、GB/T 15543《电能质量　三相电压不平衡》、GB/T 24337《电能质量　公用电网间谐波》。

（9）电气主接线应根据电站的电压等级、规划容量、线路和变压器连接元件总数、储能系统设备特点等条件确定，并应满足供电可靠、运行灵活、操作检修方便、投资节约或便于过渡或扩建等要求。

（10）电站按“无人值班、少人值守”模式进行设计。电站配置计算机监控系统，由站控层、间隔层和网络设备组成，且采用分层分布开放式网络结构。

3.2　电化学储能电池

储能电池是电化学电池储能电站的核心元件，是能量存储的直接载体。电池的类型、包装形式、成组方式决定了储能系统的额定容量、充放电功率、运行寿命等特性，且会影响到运行时电池的热特性。储能电池的选型及成组方式设计直接关系到后期电站运行的可靠性和安全性。工程人员在电池储能电站建设前期需根据工程建设目标，选定合适的电池型号，并根据整站的并网指标要求设计相应的电池成组方式，尽量使电站各储能单元能够在实际运行时达到最优的运行条件，提高电池储能电站的运行效益。本节就各类型储能电池特点进行简要讨论，重点关注磷酸铁锂电池，并探讨相关的选型及设计原则。

3.2.1 储能电池分类及特点

目前在电化学电池储能电站应用较多的电池类型主要有铅酸蓄电池、钠硫电池、液流电池、锂离子电池等。

(1) 铅酸蓄电池。铅酸蓄电池发展很快，免维护运行，已经成为一种应用广泛的储能装置，在使用寿命和比能量上有所提高。但正极板栅的腐蚀和负极板栅的硫酸盐化，高倍率充电时氢的析出，会减少极板的循环效率。因此阀控式铅酸蓄电池（valve-regulated lead-acid battery，VRLA）限制在30%～70%的充电态（SOC），而且充电时间约是放电时间的5倍；体积大、比能量低以及较低循环寿命导致的高循环寿命成本，限制着铅酸电池作为大规模储能电池的发展，需进一步提高循环寿命和降低成本。

(2) 钠硫电池。钠硫电池的能量密度高，占用体积小，充放电效率高，循环寿命长，同时价格低廉。但钠硫电池对工作环境要求较高，工作温度需要保持在300～350℃，所以系统需要加热保温措施，使得系统维护困难，容易发生安全隐患。

(3) 液流电池。液流电池的电池容量取决于活性物质的浓度和储液槽容量，而不受电池本身限制，适宜发展大规模储能系统。其优点主要有循环寿命长，可达 13000 次以上；可深度放电，频繁充放电对电池寿命无影响且电池容量可实时监测等。其缺点主要有电池总体能效率低、占用体积较大、设备容易被腐蚀、对运行环境温度要求较为苛刻等。

(4) 锂离子电池。锂离子电池优点有能量密度高、自放电小、循环寿命长、效率高等；缺点是成本高、不耐过充过放、安全性需提高、低温性能差。由于储能系统储能容量高、输出功率大，应用于储能系统的锂离子电池除满足一般的技术要求外，其安全性、生命周期性价比、使用寿命和生命周期内的环境负荷是四项关键衡量指标。

以上各种类型电池各有优缺点，在各类工程中也都有相关应用，所以在进行电池选型时，需进行全面的技术、经济比较，所选的电池性能应满足电化学储能电站的建设要求。

3.2.2 磷酸铁锂储能电池简介

目前国内的电化学电池储能电站主要采用磷酸铁锂电池。该类型锂电池的能量密度、充放电倍率、充电效率等技术指标与三元锂电池相比较低，但该类型电池循环寿命、耐高温性能更佳，安全性更好。电力储能应用领域对电池的能量密度要求相对较低，但对电站安全性能要求较高。因此，磷酸铁锂电池成为国内电池储能电站建设的主流选择。

磷酸铁锂电池是指用磷酸铁锂作为正极材料的锂离子电池。磷酸铁锂电池的结构如图 3-1 所示。从图中可以看出，该类型电池采用磷酸铁锂材料作为电池的正极，由铝箔与电池正极连接。电池中间是聚合物的隔膜，它用于实现将正极与负极隔开，其中锂离子 Li^+ 可以通过该隔膜，而电子 e^- 无法通过。图中左边是由碳（石墨）构成的电池负极，利用铜箔与电池的负极连接。

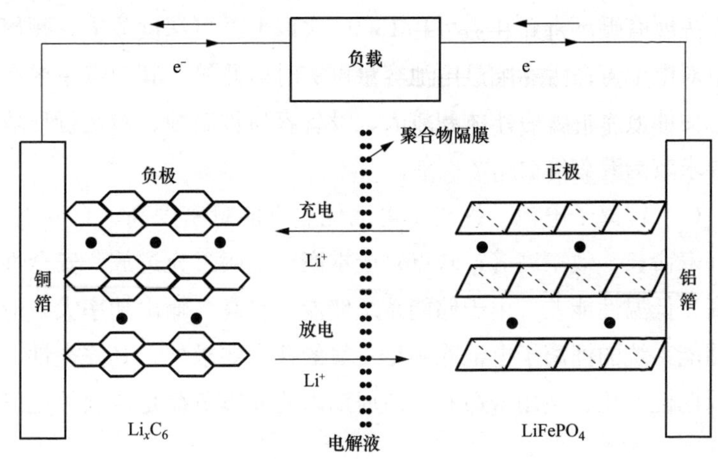

图 3-1　磷酸铁锂电池结构及工作原理示意图

如图 3-1 所示，磷酸铁锂电池充电过程中，Li^+ 从磷酸铁锂晶体 010 晶面迁移到晶体表面，在电场力的作用下，进入电解液，穿过聚合物隔膜，再经电解液迁移至负极石墨烯的表面，而后嵌入石墨烯晶格中。与此同时，电子经导电体流向正极的铝箔电极，经极耳、电池极柱、外电路、负极极柱、负极耳流向负极的铜箔集流体，再经导电体到石墨负极，使负极的电荷达到平衡，锂离子从磷酸铁锂脱嵌后，磷酸铁锂转化成磷酸铁。

如图 3-1 所示，磷酸铁锂电池放电时，Li^+ 从石墨晶体中脱嵌出来后进入电解液，而后穿过隔膜，再经电解液迁移到正极磷酸铁锂晶体的表面，然后重新经 010 晶面嵌入到磷酸铁锂的晶格内。同时，电子经导电体流向负极的铜箔集电极，经极耳、电池负极柱、外电路、正极极柱、正极耳流向正极的铜箔集流体，再经导电体到磷酸铁锂正极，使正极的电荷达到平衡状态。

上述工作原理所对应磷酸铁锂电池的电化学反应方程式如下所示：

正极反应：$LiFePO_4 \Leftrightarrow Li_{(1-x)}FePO_4 + xLi^+ + xe^-$；

负极反应：$x\mathrm{Li}^{+}+x\mathrm{e}^{-}+6\mathrm{C}\Leftrightarrow\mathrm{Li}_{x}\mathrm{C}_{6}$；

总反应式：$\mathrm{LiFePO_4}+6x\mathrm{C}\Leftrightarrow\mathrm{Li}_{(1-x)}\mathrm{FePO_4}+\mathrm{Li}_{x}\mathrm{C}_{6}$。

为直观展示磷酸铁锂电池的部分特性，图 3-2 与图 3-3 给出了该类型硬包电池根据相关标准进行测试的结果。

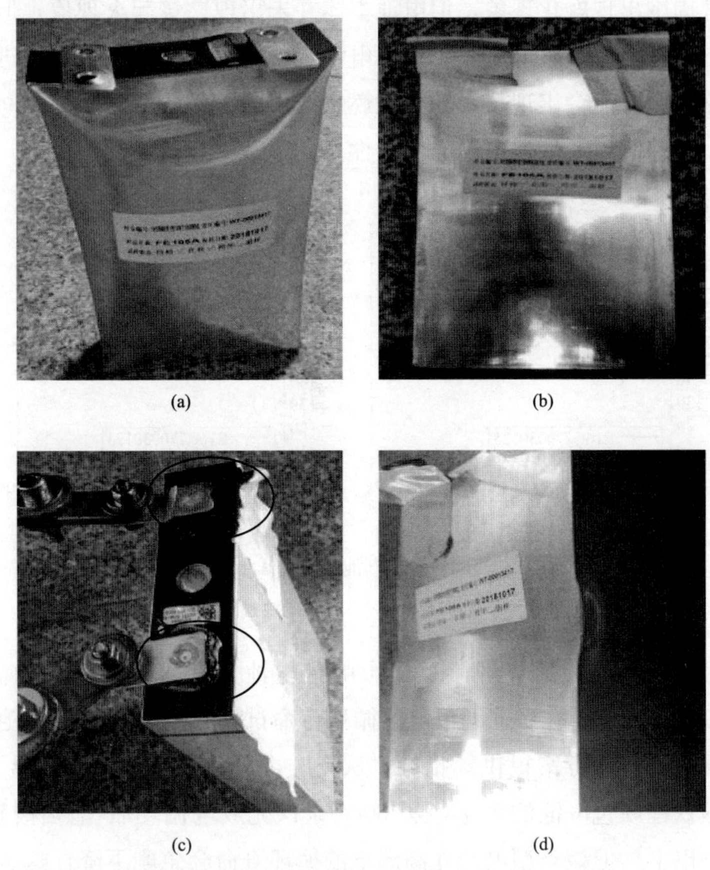

图 3-2 磷酸铁锂储能电池的型式试验

(a) 过充试验；(b) 过放试验；(c) 短路试验；(d) 挤压试验

图 3-2 中该试验磷酸铁锂硬包电池额定电压为 3.2V，额定容量为 105A。图中展示了电池的过充试验、过放试验、短路试验与

安全试验等涉及电池储能电站安全的核心试验。从图中可以看出，过充情况下磷酸铁锂硬包电池虽未起火，但鼓包现象严重，因此在电池保护的设计中需针对过充工况留有足够的裕度。相对于过充试验，过放试验对电池外观的影响则较小。短路试验中，磷酸铁锂的极耳周围出现融化现象，但电池本体并未出现燃烧起火现象，但需指出的是该短路试验对象为单体电池，若对成组后的储能电池进行短路，则可能会出现热失控引发燃烧的现象。挤压试验结果也间接展示了磷酸铁锂硬包电池的安全性。

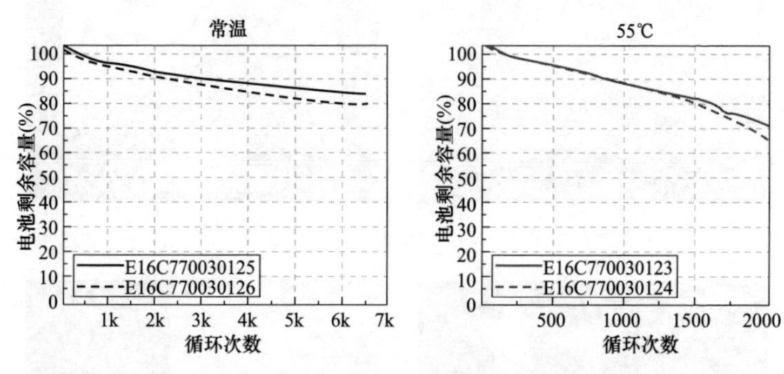

图 3-3　磷酸铁锂电池循环寿命试验结果

注：E16C770030×××是指电池包的编号。

储能电池的循环寿命直接影响到电池储能电站的投资收益。图 3-3 给出了磷酸铁锂硬包电池循环寿命试验，为后期设计电池储能系统热管理方案提供了指导。从图中可以看出，虽然在常温下，磷酸铁锂硬包电池的容量经历 6000 余次充放电循环后仍然保持在 80%以上，但该类型电池在高温下的循环寿命会急剧下降，这将使储能电站无法满足设计寿命。因此，在电池储能电站整体设计中，需考虑使电池能够保持在常温下运行。一般采用安装空调的形式实现对储能电池运行环境的调节。但值得指出的是，空调需配置合理的控制方案，否则容易造成储能电站运行损耗增加，降低了电池储能电站运行的效率，影响到电站的整体运行经济性，特别是在目前电池储能电站成本相对较高的情况下，这一点需引起设计人员的重视。

3.2.3 配置和设备选型原则

为使电化学电池储能电站整体的特性满足相关指标，储能电池的配置与选型可参考如下原则：

（1）电池应选择安全、可靠、环保型电化学电池，可在铅酸蓄电池、钠硫电池、液流电池、锂离子电池等化学电池中选择，宜根据设置目的、系统电压、能量密度、功率密度、储能效率、循环寿命、充放电倍率、自放电率和外部条件等进行综合比较选择。

（2）为便于电池系统集成和维护，电池宜采用模块化设计，方便后续问题电池的整体模块化更换。

（3）电池组的成组方式及其连接拓扑应与功率变换系统的拓扑结构相匹配，并应减少电池并联个数。

（4）单体电池、电池组、电池箱的连接母排及接口部件需设计足够的通流能力，防止电池储能单元满功率输出时，电流通过接触电池产生大量的热量，进而导致电池单元过温，影响电池储能单元的可靠运行。

（5）电池容量应与储能单元容量、能量相匹配，确保电池储能单元可按照额定功率输出额定容量。

（6）电池组的电池裕度应根据电池的寿命特性、充放电特性及最佳放电区间和经济性进行配置。

（7）电池组回路应配置直流断路器、隔离开关、熔断器等保护设备，防止电池短路造成的安全风险。

（8）电池应具有安全防护设计。在充放电过程中外部遇明火、撞击、雷电、短路、过充过放等各种意外因素时，不应发生爆炸。

应根据有关标准配置相应的消防设施。

基于上述储能电池选型及配置原则，以某 24MW/48MWh 磷酸铁锂储能电池系统为例进行配置说明：电池采用预制舱模式安装，单个预制舱内电池单元不小于 1MW/2MWh。每个预制舱内由 2 套 0.5MW/1MWh 储能单元和 1 套现地监控系统组成，单个 0.5MW/1MWh 储能单元由 PCS 柜（500kW）、电池柜、汇流柜、控制柜、电缆和光缆等组成。

单体电池采用标称电压为 3.2V，标称容量为 260Ah 的磷酸铁锂电池；采用 1P14S 方式组成电池箱（44.8V，260Ah），其中电池箱内部结构如图 3-4 所示，每个电池箱由 1 个电池监测单元进行管理。每个电池簇由 16 个磷酸铁锂电池箱串联而成（716.8V，260Ah），图 3-5 给出了电池箱串联的图示。一个电池簇由 1 套电池管理系统来管理。6 个电池簇通过并联（1.118MWh）方式接入直流汇流柜中高压直流母排，构成一个电池堆。控制柜为每个电池柜提供 CAN 通信汇总接口，同时通过以太网向就地监控系统上传电池数据和信息，也可接收电站能量管理系统下发的指令，并执行下发的指令。

图 3-4　电池箱内部结构图

图 3-5 电池储能单元电池箱连接方式图

单个 1MW/2.236MWh 储能单元由 2 个 500kW/1.118MWh 储能子单元组成，单个 500kW/1.118MWh 储能单元系统图如图 3-6 所示。

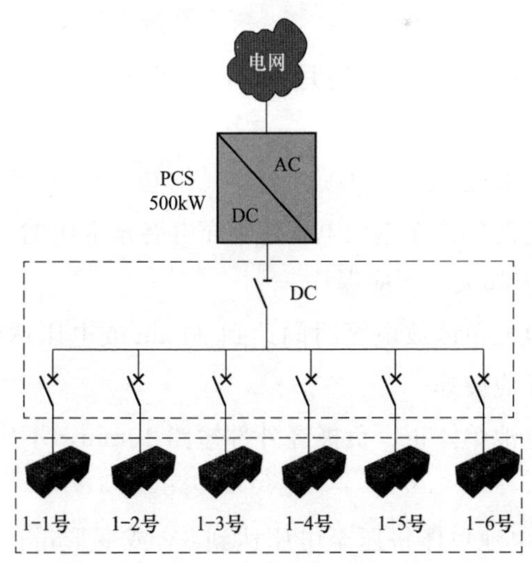

图 3-6 500kW/1.118MWh 储能单元系统图

3.2.4 主要参数和技术特点

目前国内电化学电池储能电站建设中，主要以采用磷酸铁锂电池为储能载体。为方便工程人员前期对储能电池进行设计选型，本小节以磷酸铁锂电池为例对储能电池选型参数及技术要求进行简要说明。

1. 单体电池的选型要求

(1) 电压：标称电压为 3.2V，充电截止电压为 3.6V，放电截止电压为 2.8V。

(2) 容量：单体电池标称容量不宜小于 20Ah。

(3) 一致性：同一串联电路内各单体电池在开路电压、容量等影响电池安全与使用寿命的技术参数与性能上应具有良好的一致性，一致性指数应满足 NB/T 42091《电化学储能电站用锂离子电池技术规范》。

(4) 循环寿命：按 NB/T 42091 进行试验，其循环寿命不少于 4000 次。

(5) 自放电率：<3%每月（休眠模式下），<3%每周（唤醒模式下）。

(6) 工作温度：充电（0～55℃），放电（−20～55℃）。

(7) 将电池单体充电至电压达到充电终止电压的 1.5 倍或时间达到 1h，不应起火、不应爆炸。

(8) 将电池单体放电至时间达到 90min 或电压达到 0V，电池不应起火、不应爆炸。

(9) 将电池单体正、负极经外部短路 10min，不应起火、不应爆炸。

(10) 将电池单体挤压至电压达到 0V 或变形量达到 30%或挤压力达到（13±0.78）kN，不应起火、不应爆炸。

（11）将电池单体的正极或负极端子朝下从 1.5m 高度处自由跌落到水泥地面上 1 次，不应起火、不应爆炸。

（12）将电池单体在低气压环境中静置 6h，电池不应起火、不应爆炸、不应出现漏液等现象。

（13）将电池单体以 5℃/min 的速率由环境温度升至（130±2)℃并保持 30min，不应起火、不应爆炸。

（14）触发电池单体达到热失控的判定条件，不应起火、不应爆炸。

2. 电池箱

（1）电池成组方式：串并联。

（2）标称电压：典型值为 12、24、36、48V 或 72V。

（3）效率：常温下，电池箱以充、放电流全充全放，能量转换整体效率应不小于 97%。

（4）一致性：同一串联电路内各单体电池在开路电压、容量等影响电池安全与使用寿命的技术参数与性能上应具有良好的一致性，一致性指数应满足 NB/T 42091。

（5）工作温度：－20～55℃。

（6）绝缘电阻：电池模块的正、负极与外壳间的绝缘电阻不小于 2MΩ。

（7）单体电池在电池箱内应可靠固定，固定装置不应影响电池组的正常工作，固定系统的设计应便于电池组的维护。

（8）电池箱外部的设计应便于维护操作。

（9）电池箱正、负极端子有明显标志，便于连接、巡视和检修，电池供应厂商应通过接口设计防止出现电池箱组串时的正负极反接情况。

（10）电池箱外壳应有阻燃设计。

（11）电池箱裸露金属部件应采用静电喷涂或其他防腐处理。

（12）电池箱整体防护等级不低于IP20。电池箱外盖不得有变形、裂纹及污迹，标识清晰。

3. 电池柜

（1）为保证外观统一，盘柜尺寸高度、色调应统一，整体协调，原则上同类盘柜柜体采用同一制造厂的同一规格产品。

（2）电池柜表面采用静电喷涂，全部金属结构件都经过特殊防腐处理，以具备防腐、阻燃性能。结构安全、可靠、美观，应具有足够的机械强度，保证元件安装后及操作时无摇晃、不变形；通过抗震试验；电池柜设计应便于安装维护；要考虑通风、散热；设备应有保护接地。

（3）柜内元器件安装及走线要求整齐可靠、布置合理，电器间绝缘应符合有关标准。进出线必须通过母线排或接线端子，大电流、一般端子、弱电端子间需要有隔离保护。应选用国际知名品牌的质量可靠的输入输出端子，母线排或端子排的设计应使运行、检修、调试方便，适当考虑与设备位置对应，并考虑电缆的安装固定。母线排或端子排，大小应与所接电缆相配套。强电、弱电的二次回路的导线应分开敷设。每个接线端子只允许接一根导线。电流端子和电压端子应有明确区分。

（4）柜内直流回路分布合理、清晰。

（5）电池柜内应该针对接入的电池箱数量进行精心设计，拥有明显的断点器件，确保检修时能逐级断开系统。直流开关选择需考虑高海拔对开关断流和耐压的影响，并选用专用直流开关，盘柜需完善考虑预制舱内配电以及紧急供电等必备功能。

（6）直流正负导线应有不同色标。

（7）母线、汇流排需加装绝缘热缩套管，无裸露铜排。

（8）柜内元件位置编号、元件编号与图纸一致，并且所有可操作部件均有标识标明功能。内部接线必须根据接线图套圈和编号，所有面板上安装的设备应当用平面识别标志和功能标志标出。

(9) 柜面的布置应整齐、简洁、美观。应有运行状态及运行参数的显示装置和主要的开关装置。

(10) 设备使用的电气一、二次元器件应根据实际所用的回路使用交流或直流专用的产品。

4. 电池预制舱

(1) 电池预制舱的基本要求。电池预制舱应配置保暖系统、温度控制系统、隔热系统、阻燃系统、火灾报警系统、安全逃生系统、应急系统、消防系统、视频监控等自动控制和安全保障系统。

预制舱中的走线应全部为内走线，除了锂电池落地安装外，直流汇流设备根据实际情况确定安装方式，动力配电箱等其他设备一律壁挂式安装。

预制舱必须具备优异的可维修性和可更换性，方便设备维护、维修和更换。

1) 采用集装箱式房体。电池箱房防护等级不低于 IP65 且在电池箱房的寿命期限内（25 年内）具备无限次满载吊装强度。

2) 防水性。箱体顶部不积水、不渗水、不漏水，箱体侧面不进雨，箱体底部不渗水。

3) 保温性。预制舱壁板、舱门采取隔热措施处理，在舱内外温差为 55℃的环境条件下，传热系数小于等于 1.5W/(m^2 · ℃)。

4) 防腐性。预制舱承载骨架涂覆处理，内外蒙皮采用玻璃钢。在实际使用环境条件下，预制舱的外观、机械强度、腐蚀程度等确保满足 25 年使用的要求。

5) 防火性。预制舱外壳结构、隔热保温材料、内外部装饰材料等全部为阻燃材料，相邻舱体间至少一面舱体耐火时间不小于 3h。

6) 阻沙性。预制舱必须具有阻沙功能，在自然通风状态下新风进风量大于等于20%，阻沙率大于等于99%。

7）防震。应保证运输和地震条件下预制舱及其内部设备的机械强度满足要求，不出现变形、功能异常、震动后不运行等故障。

8）防紫外线。预制舱内外材料的性质不会因为紫外线的照射发生劣化、不会吸收紫外线的热量等。

（2）储能预制舱设备配置。

1）电池（PACK）安装接口。预制舱内部设置电池架安装预埋件，保证电池架与预制舱底板内的预埋件可靠连接。

2）直流汇流柜。直流汇流柜作用是将各电池簇并联汇流，并输出至PCS（双向变流器），配合系统监控装置对其输出电压、电流以及绝缘情况等进行监测，并且通过柜内开关电源对系统内BMS部件进行供电。预制舱中每个电池阵列都须配置一个汇流柜并与PCS密切配合。

3）控制柜。控制柜主要作用是为室内交流用电设备提供交流电源以及通过柜内UPS为电池堆BMS部分提供不间断电源。同时它可以整合系统内自耗电情况、各部分开关门状态、室内温湿度情况以及消防状态信息，并将这些信息上报至BMS系统。同时作为系统内总配电柜，在发生消防事故或者其他紧急事故下可以完成自动或者手动控制下的急停。

控制柜需具有以下功能：

a. 完成电池室内空调、照明、消防、应急灯、柜内外插座的交流配电；同时为系统内BMS部件（含交换机）提供不间断交流电源，后备时间不小于2h。

b. 采集电池室内自耗电情况，室内温湿度状态信息，汇流柜、中控柜开关门状态，消防状态信息，并将以上数据上传至监控后台。

c. 通过合理的分配尽量保证整个配电系统中各相负载平衡，各条支路具有完备的保护功能，关键支路微断分合闸状态可以采集并上传至后台。

d. 将电池预制舱内各堆 BMS 接至中控柜内交换机中，通过中控柜内触摸屏实现对 BMS 系统信息的查看与控制。

4）预制舱内环境温度调节控制。预制舱需采取有效措施调节控制舱内环境温度，采取的措施应尽可能减少用电量，以保证预制舱对外最大供电能力。

5）监控系统。预制舱内应配置视频监控及门禁报警功能。视频设备确保预制舱内部全面监视，实时观察预制舱内的设备情况，当有人强行试图打开舱门时，门禁产生威胁性报警信号，通过以太网远程通信方式向监控后台报警，该报警功能应可以由用户屏蔽。视频监控设备及门禁主机信号需支持接入总控舱内的智能辅助控制系统。

6）应急及灭火系统。预制舱内消防联动信息需接入能量管理系统。预制舱需配置灭火系统，灭火材料可考虑选用七氟丙烷。

7）烟雾传感器。预制舱内需配置烟雾传感器、温湿度传感器等安全设备，烟雾传感器和温湿度传感器必须和系统的控制开关形成电气联锁，一旦检测到故障，必须通过声光报警和远程通信的方式通知用户，同时，切掉正在运行的锂电池成套设备。

根据预制舱布置型式，部分预制舱内设置动环主机，采集本舱及相邻舱内的消防信息及温湿度传感器信息，动环主机通过超五类屏蔽双绞线接入至总控舱智能辅助控制系统屏内。

8）预制舱内照明。预制舱内配置照明灯和应急照明灯，一旦系统断电，应急照明灯必须立即投入使用，5 年内，单盏应急照明灯的有效照明时间不能小于 2h。

9）预制舱内饰。预制舱结构须采用高耐候钢板或者玻璃钢材质，地板铺设厚度为 4～5mm 的绝缘地板，地板具有绝缘、防滑、阻燃等性能。

(3) 电池预制舱电气系统。

1) 控制开关及插座。

预制舱舱门旁边设置舱内照明控制开关，舱内合适位置设置五孔电源插座，三相插座地线没接通前不允许供电。电源插座对应配电箱的连接必须有独立的断路器进行短路、过载和选择性保护，电源插座选用工业级产品。

2) 线缆及走线。预制舱配电箱内不同供电回路的接线端子应用不同的标识颜色；供电系统内的电线电缆应全部采用使用不同颜色标识的交联聚乙烯绝缘阻燃电缆，电缆必须有独立的绝缘层和护套层，其长期允许工作温度不能低于90℃，电线电缆的额定绝缘耐压值应高出实际电压值一个等级。电缆中性线和地线的截面积不能小于相线的截面积，电缆相线的最小截面积不能小于4mm^2。

预制舱内走线采用明线和暗线结合的方式，照明灯、烟雾传感器等设备的走线可采用暗线方式，明线走线需进行防护处理。

(4) 接地防雷。

预制舱的螺栓固定点与整个预制舱的非功能性导电导体可靠联通，同时，预制舱应至少提供4个符合最严格电力标准要求的接地点。

预制舱顶部必须配置连接可靠的高质量防雷系统，防雷系统通过接地扁钢或接地圆钢在不同的4点连接至主地网上。

3.3 电池管理系统

电池管理系统（battery management system，BMS）是电池储能系统的核心子系统之一，负责监控电池储能单元内各电池运行状态，保障储能单元安全可靠运行。BMS能够实时监控、采集储能电池的状态参数（包括但不限于单体电池电压、电池极柱温度、电池回路电流、电池组端电压、电池系统绝缘电阻等），并对相关状态参数进行必要的分析计算，得到更多的系统状态评估参数，并根据特定保护控制策略实现对储能电池本体的有效管控，保证整个电池储能单元的安全可靠运行。同时 BMS 可以通过自身的通信接口、模拟/数字输入输出接口与外部其他设备（功率变换系统、电池储能电站监控与调度管理系统、消防系统等）进行信息交互，形成整个储能电站内各子系统的联动控制，确保电化学电池储能电站的安全、可靠、高效并网运行。

3.3.1 电池管理系统简介

大容量电池储能站电池管理系统由电池单体管理单元（battery module unit，BMU）、电池簇管理单元（battery cluster unit，BCU）和电池堆管理单元（battery array unit，BAU）三个部分构成，各部分系统分级交互，共同实现对全站电池系统的状态监测、策略控制、告警响应、保护动作等功能。储能单元电池管理系统架构如图 3-7 所示，其中：

（1）从控单元对应 BMU 是电池模组管理单元，具有监测电池模块内单体电池电压、温度的功能，并能够对电池模块充、放电过程进行安全管理，具备包内各单体电池电压、温度等信息采集、包内电池均衡、信息上送、热管理等功能。当监测到故障时，BMU 可对单体电压过高、单体电压过低、单体电压差压、温度过高、温度过低、温度差值过大、充电电流和放电电流等异常现象报警，并将相关信息上送至上一层级的电池管理单元。此外，BMU 内的均衡模块可实现对各单体电池间的压差控制，提高整个电池储能系统的使用效率。BMU 是电池管理系统的最小组成管理单元，通过通信接口向电池簇管理系统提供电池模块内部运行状态信息。

（2）主控单元对应 BCU 是电池簇管理单元，是由电子电路设备构成的实时监测与管理单元，有效地对电池簇的充、放电过程进行安全管理，对可能出现的故障进行报警和应急保护处理。BCU 同时具备电池簇的电流采集，总电压采集，漏电检测，并在电池组状态发生异常时驱动断开高压功率接触器，使电池簇退出运行，保障电池安全、可靠、稳定的运行。同时，在 BMS 的管理下可单独完成容量标定和 SOC 标定，通过自身算法，得出经校正后的最新电池系统容量和 SOC 标定值，并以此作为后续电池充放电管理的依据。BCU 是电池管理系统的中间层级，向下收集电池模组管理单元采集的信息，并将收集的信息转发至上层电池阵列管理单元。

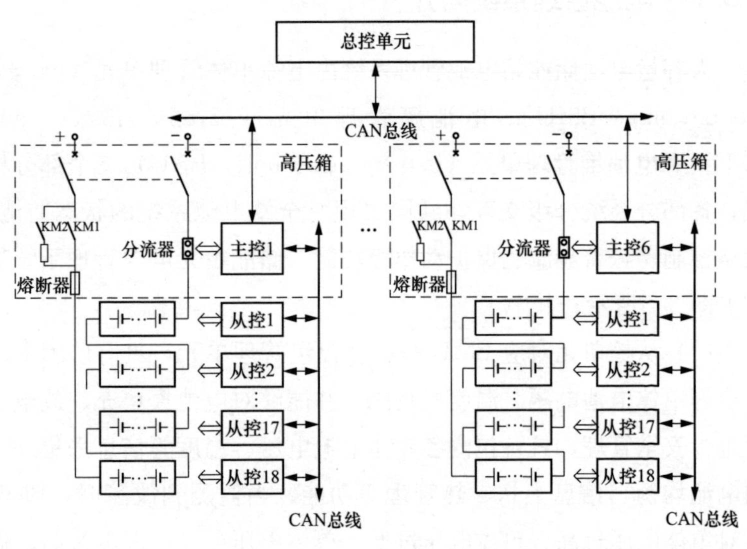

图 3-7　电池管理系统架构示意图

（3）总控单元对应 BAU 是电池阵列管理单元，是由电子电路设备构成的实时监测与管理单元，对整个储能电池堆的电池进行集中管理，保证电池安全、可靠、稳定的运行。其主要功能包括：

1）电池阵列的充放电管理。

2）BMS 系统自检与故障诊断报警。

3）电池组故障诊断报警。

4）电池阵列内各种异常及故障情况的安全保护。

5）与功率变换系统、监控与调度管理系统等的其他设备进行通信。

6）数据存储、传输与处理功能：系统最近的报警信息、复位信息、采样异常信息的存储，可以根据需要导出存储的信息。

7）系统自检功能，根据各电池管理单元上送数据对整个 BMS 系统进行自检，保证系统自身的正常工作。

BAU 是整个电池管理系统中的最高层级，向下连接各个电池簇管理单元，向上则与功率变换系统、监控与调度管理系统进行信息交互，反馈电池阵列的运行状态信息。

1. 电池管理系统的控制策略

电池管理系统控制层以电池阵列管理单元为单位，一个电池阵列管理单元控制若干个电池簇管理单元，每个电池簇管理单元通过各个电池模组管理单元获取电池电压、温度等信息。其中，电池模组管理单元负责采集电池电压、温度信息，均衡控制等。电池簇管理单元负责管理电池组中的全部电池模组管理单元，通过 CAN 总线，获取所有电池模组管理单元的单体电压与温度信息。同时具备电池簇的电流采集，总电压采集，漏电检测，并进行报警判断，在电池组状态发生异常时断开高压功率接触器，使电池簇退出运行，保障电池安全使用。

一般情况电池管理系统需包含以下几种控制策略（以每个电池阵列包含四个电池簇为例说明）：

（1）上电后的电池簇管理单元数量检测。电池阵列管理单元上电检测电池簇管理单元就位数量，当 4 组电池簇管理单元都就位，电池阵列管理单元允许满功率充放电；当电池簇管理单元就位数少于4组就位时，电池阵列管理单元根据具体就位数进行限功率运行（BMS给PCS/EMS发出最大充放电电流）。若电池簇管理单元少于最小数目，则不启动电池阵列并网流程，防止电池的损坏。

（2）上电后的总压差检测。当电池阵列管理单元检测就位通过后，需进行总压压差判断。当电池组最大总压与最小总压之间压差小于“电池组允许吸合最大总压差”，BMS认为，所有就位电池组压差较小，符合吸合继电器条件，则进行闭合所有电池簇管理单元主负继电器，进入预充均衡流程。

当电池阵列管理单元检测当前就位总压差超过允许值，此时，电池阵列管理单元报总压差大故障，需人工干预，关闭故障组电池组，或启用维护模式，人工对电池组进行均衡。

（3）上电后的预充均衡控制。电池阵列管理单元在进行预充均衡控制时，先控制所有电池簇管理单元，闭合预充继电器。当电池簇管理单元检测到预充电流小于1A，预充时间大于5s，预充前后电压小于5V，则电池簇管理单元报预充完成，此时电池阵列管理单元检测所有预充完成后，控制吸合主正断路器，断开预充回路。

（4）上电后的充放电管理。系统运行时，实时监测每个单体电压以及电池包温度。根据电池系统状态评估可充、放电最大电流，通过报文发给功率变换系统。功率变换系统根据最大充、放电电流，进行充放电操作。（功率变换系统控制充放电电流不能超过BMS请求最大值）

2. 电池管理系统的保护策略

为了保护电池的安全运行，电池需设置相关保护措施，一般可在电池管理系统运行状态中配置三级报警机制，根据报警级别的不同采取不同处置措施。当出现一级报警发生时，BMS通知PCS降功率运行；当出现二级报警发生时，BMS通知PCS停止进行充放电（限制电流为0）；当出现三级报警发生时，BMS通知PCS停机，延时后，BMS 主动断开继电器。电池管理系统保护动作及恢复策略分别如图 3-8 和图 3-9 所示。

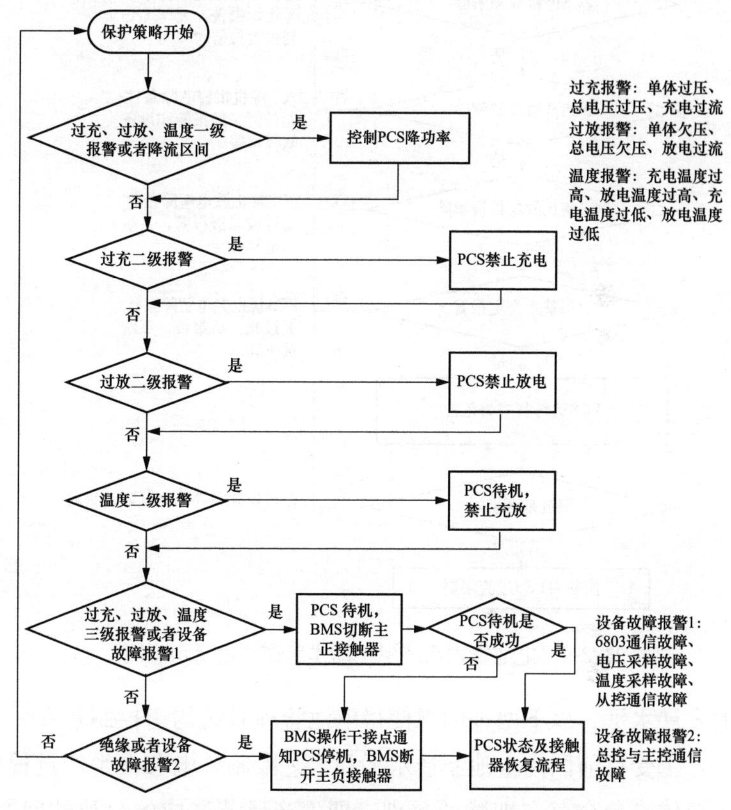

图 3-8　电池管理系统保护动作逻辑示意图

3. 电池管理系统的均衡控制

电池管理系统的均衡控制主要用于解决电池单体之间的不均衡充电、放电问题。类似于为每一节单体电池提供一台放电/充电设备，通过先进的微机控制技术和电力技术，自动对储能电池组中各单体电池进行在线均衡调节控制，让每节单体电池端电压、容量及内阻处于均衡值，防止单体电池过、欠充电。依据目前电池储能技

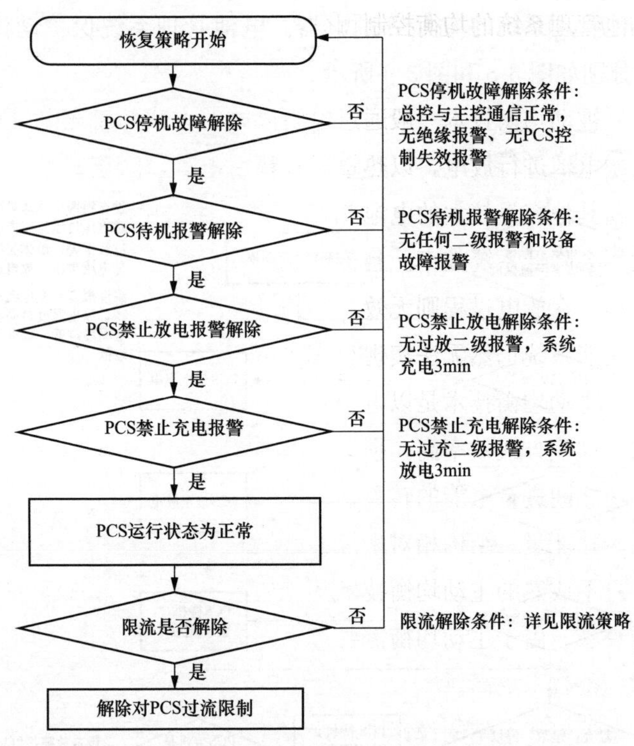

图 3-9 电池管理系统保护动作后恢复逻辑示意图

术的发展水平，以下两种因素使得电池管理系统均衡控制意义尤为重要：①受目前国内电池制造水平和工艺限制，电芯在生产过程中各个单体难免会存在细微的差别，即生产环节造成的一致性问题。这种不一致性会使电芯的各项参数存在差异。差异较大的单体电池通过串并联成组后，充放电过程中会出现部分电池提前出现充满或放空的情况，但其他电池则仍有容量可以进行充电、放电，这就造成整个电池系统无法实现最优化的利用。②电芯在组成电池组后的使用过程中，由于自放电程度不同以及部位温度差异等原因导致单体在运行过程中出现不一致性的现象。这类单体电池的不一致性同样会影响电池组的充放电特性，造成电池储能电站利用率下降。

电池管理系统的均衡控制可分为两种，即被动均衡技术与主动均衡技术。

（1）被动均衡技术一般通过电阻放电的方式，对充电过程中电压较高的电池进行放电，以热量形式释放电量，防止其引发过压保护而切断其他容量较大的电池充电。被动均衡中部分能量以热量形式散发，会降低系统效率。且被动均衡技术仅适用于充电过程中的电池均衡，在放电过程则无效。在放电过程中，受限于较小容量的电池，储能系统仍然无法实现整体容量的最大利用。

（2）主动均衡技术是以电量转移的方式进行单体电池之间的均衡控制，这一方式效率高，损失小。主动均衡技术依托电子电路在单体电芯之间进行电能的转移，但其一般只能在相邻的两节单体电池之间转移能量，结构相对来说较为复杂，成本随之增高是其缺点所在，且不成熟的主动均衡技术还可能造成电池过充或过放，加速电池的衰减。由于主动均衡需要更为复杂的电路与算法，其成本相对被动均衡技术更高。

在电池储能电站的设计中，工程人员应视工程的具体情况进行电池管理系统均衡控制方式的选择。

3.3.2 电池管理系统功能要求

在电池储能电站设计过程中，为保证电池储能单元的安全、可靠、高效运行，电池管理系统的功能设计可参考以下内容：

（1）电池管理系统（BMS）的拓扑配置应与功率变换系统的拓扑、电池的成组方式相匹配与协调，并对电池运行状态进行优化控制及全面管理。

（2）电池管理系统应能实时测量电池的电与热相关的数据，应包括单体电池电压、电池模块温度、电池模块电压、串联回路电流、绝缘电阻等参数。各状态参数测量精度应符合 GB/T 34131

《电化学储能电站用锂离子电池管理系统技术规范》中的要求。

(3) 电池管理系统应能对电池的荷电状态（SOC）、充电放电电能量值（Wh）、最大充电电流进行实时估算。

(4) 电池管理系统应具备电池充、放电的累计充、放电量的统计功能。具备掉电保持功能和上传监控系统的功能。

(5) 电池管理系统应能对电池系统进行故障诊断，在电池系统运行出现过压、欠压、过流、高温、低温、漏电、通信异常和电池管理系统异常等状态时，应能显示并上报告警信息至功率变换系统（PCS）及监控系统，以及时改变系统运行策略。

(6) 电池管理系统应具备均衡功能，能平衡电池之间的不一致性，保证电池系统使用寿命及可用容量。

(7) 电池管理系统应可靠保护电池组，具备过压保护、低压保护、过流保护、短路保护、过温保护和直流绝缘监测等功能，并能发出告警信号或跳闸指令，实现就地故障隔离，将问题电池簇退出运行。

(8) 电池管理系统应具备自诊断功能，对电池管理系统与外界通信中断，电池管理系统内部通信异常，模拟量采集异常等故障进行自诊断，并能够上报到监测系统。

(9) 电池管理系统运行各项参数应能通过本地和远程两种方式在电池管理系统或储能电站监控系统进行修改，并有通过密码进行权限认证功能。

(10) 电池管理系统应能够在本地对电池系统的各项运行状态进行显示，如系统状态、模拟量信息、报警和保护信息等。

(11) 电池管理系统应能够在本地对电池系统的各项事件及历史数据进行存储，记录不少于10000条事件及不少于180天的历史数据。运行参数的修改、电池管理单元告警、保护动作、充电和放电开始/结束时间等均应有记录，事件记录具有掉电保持功能。每个报警记录包含所定义的限值、报警参数，并列明报警时间、日期及报警时段内的峰值。

（12）电池管理系统应具有操作权限密码管理功能，任何改变运行方式和运行参数的操作均需要权限确认。

（13）电池管理系统应具备远程及就地切断直流断路器、接触器的能力，并具有远程/就地切换开关。

（14）电池管理系统与其他外部设备（如 PCS、监控系统等）的所有通信必须满足高效可靠的通信规约，通信规约采用 IEC61850 协议，通信接口采用冗余配置且具备扩展和兼容的能力。

（15）电池管理系统应具备良好的可靠性与利用率，平均故障间隔时间不宜小于 40000h。

（16）电池管理系统应具备对时功能，能接受直流 B 码对时或 NTP 网络对时。

（17）电池储能电站监控系统退出或意外中断运行时，电池管理系统有足够的措施保证设备自身的安全，并维持一段时间正常运行。

3.3.3 电池管理系统配置和设备选型

在实际电池储能电站建设中，电池管理系统的配置和设备选型可参考以下几点原则：

（1）电池管理系统（BMS）宜采用分层的拓扑配置，应与 PCS 的拓扑、电池的成组方式相匹配与协调，并对电池运行状态进行优化控制及全面管理。

（2）电池管理系统（BMS）的功能实现层级由其拓扑配置情况决定，宜分层就地实现。

（3）功率 250kW 或者容量 250kWh 以上的电化学储能系统 BMS 宜采用三层架构：电池管理单元（第一层）、电池簇管理单元

(第二层)、电池阵列管理单元(第三层)。

(4)电池管理单元主要采集电池单体电压、温度等信息,执行均衡管理功能。

(5)电池簇管理单元主要负责电池簇电压采集、电流采集、计算电池簇SOC状态、均衡策略判断、电池故障诊断、继电器控制等。

(6)电池堆管理单元主要进行数据显示、查询、参数设置、计算电池堆SOC状态、数据通信等。

3.3.4 电池管理系统主要参数和技术特点

电池管理系统设计选型中,各构成单元的相关参数可参考以下几点原则:

(1)供电电压:可选择交流或直流,交流宜为220V,直流宜为220V。也可以选择16~32V,典型工作电压为24V。

(2)绝缘电阻:电池管理系统与电池相连的带电部件和壳体之间的绝缘电阻不小于2MΩ。

(3)工作温度:-20~55℃。

(4)工作相对湿度:5%~95%,设备上不应出现凝露。

(5)工作海拔:应不大于2000m,当大于2000m时应设计高原型设备。

(6)BMS安装使用地点应无强烈振动和冲击,无强电磁干扰,外磁场感应强度不应超过0.5mT。

(7)测量误差:总电压值在±1%满量程范围内,电流值在±0.2%满量程范围内,温度值在±2℃范围内,单节电压值在±10mV范围内。

(8)荷电状态(SOC)的计算累计误差应不大于5%,且具有自校正功能;电能量(Wh)计算误差不大于3%,计算更新周期应不大于3s。

(9) BMS 与功率变换系统（PCS）的接口采用 CAN/RS485，宜支持 CAN2.0/MODBUS RTU 通信协议，同时宜具备两个硬触点接口。

(10) BMS 与监控系统的接口采用以太网接口，接口应冗余配置，宜支持 IEC 61850（DL/T 860）通信协议。

(11) BMS 宜有备用 CAN/RS485 通信接口及数字量输入和输出接口，可实现与火灾自动报警及消防联动系统、通风空调系统等设备进行信息交换或安全联动。

(12) BMS 应与功率变换系统（PCS）和监控系统进行信息交换，交换信息内容包括不限于：电池簇 SOC、电池堆 SOC、电池簇单体最高电压值、电池簇单体最高电压编号、电池簇单体最低电压值、电池簇单体最低电压编号、电池簇单体平均电压值、电池簇单体最高温度值、电池簇单体最高温度编号、电池簇单体最低温度值、电池簇单体最低温度编号、电池簇单体平均温度值等。

(13) BMS 应能全面管理电池系统，涵盖告警及故障保护、消防火灾保护、母线绝缘故障保护、电池单体放电欠压告警及跳闸保护、电池单体充电过压告警及跳闸保护、母线放电欠压告警及跳闸保护、母线充电过压告警及跳闸保护、簇放电过流告警及跳闸保护、簇充电过流告警及跳闸保护、堆母线放电过流告警及跳闸保护、堆母线充电过流告警及跳闸保护、低温告警及跳闸保护、超温告警及跳闸保护等。

(14) BMS 宜考虑功能安全设计，安全完整性等级参考相关国标要求。

为了更为直观的为工程人员提供设计参考，本小节以一个具体电池储能系统为例（1MW/2MWh），对其电池管理系统的配置参数与技术要求进行说明。该电池管理系统共设计三层架构分别监测电芯、电池簇和电池堆的相关运行参数。

一级 BMS（BMU）需能够监测单体电芯的电压、温度，具备均衡功能，支持禁用均衡、自动均衡、手动均衡和指定均衡目标电压等均衡模组。BMU 的相关技术指标可参考表 3-1 所示内容。

表 3-1　电池模组管理单元（BMU）技术参数

条目	技术参数	备注
模块供电电压	DC24V（±15%）	
最大供电功率	3W	均衡不开启时
电池监测节数	12 或 16	BMU3712 或 BMU3716
电压检测范围	0～18V	
电压检测精度	±0.1%FSR	
温度检测范围	−25～120℃	
温度检测精度	±1℃	
过温保护	55℃	用户可设置
均衡电流	2A	最大可 5A
休眠功耗	1mA	
过流保护	2 倍的额定电流	用户可设置
短路保护	5 倍的额定电流	用户可设置
BMS 绝缘耐压	AC2.2kV/5mA 1min，无飞弧击穿	1500V 时大于 1MΩ
电流采集	±0.5% FSR	
电池过充保护	3.65V	用户可设置
电池过放保护	2.7V	用户可设置
SOC 计算	±5%	
输入绝缘电阻	≥10MΩ，DC1000V	差分输入，无穷大
数据通信接口	CAN2.0	
通信波特率	250～500kbit/s	默认 250kbit/s

二级 BMS（BCU）需能够监测整簇电池总电压、总电流、绝缘电阻，能采集外部急停信号，高压控制盒内开关的状态量，能输出故障和运行状态，二级 BMS 需向三级 BMS 实时传递信息。二级 BMS 保护基本要求：单体电池温度超温、低温，电压过压、欠压

等均需具备告警和二级故障保护；电池簇电压过压、欠压、过流、绝缘等均需具备告警和二级故障保护；电池簇需配置短路保护。BCU 的相关技术指标可参考表 3-2 所示内容。

表 3-2　　电池簇管理单元（BCU）技术参数

条目	参考技术参数	备注
模块供电电压	DC24V（±15%）	
最大供电功率	4W	
电压检测范围	0～1000V	最大可支持 1500V
电压检测精度	±0.15% FSR	
电流检测范围	0～1000A	根据额定电流选择修正精度
电流检测精度	±0.5% FSR	
温度检测范围	−25～120℃	
温度检测精度	±1℃	
绝缘电阻检测精度	≤±3%	
输入绝缘电阻	≥10MΩ，DC1000V	差分输入，无穷大
数据通信接口	CAN2.0、RS485	默认 CAN2.0
通信波特率	250～500kbit/s	默认 250kbit/s
湿触点输出（真空干触点）	4 路	1A、DC24V
开关量输入	4 路	无源，DC12V

三级 BMS（BAU）需能收集系统的总电压、总电流、总功率、二级 BMS 信息，能够实时对电池系统电池 SOC、SOH、循环次数进行准确计算，并能与 PCS 和就地监控装置通信完成数据转发以及相关交互操作，三级 BMS 应能够在本地对电池系统的各项事件及历史关键变化数据进行存储，记录数据不低于国标要求，三级 BMS 应有全面管理电池系统功能，表 3-3 中所列的故障诊断项目是电池阵列管理单元的基本要求。电池阵列管理单元的相关技术指标可参考表 3-4 所示内容。

表 3-3　　　　电池管理系统的告警要求

序号	告警及故障保护	序号	告警及故障保护
1	消防火灾保护	21	簇充电过流告警
2	直流母线绝缘故障保护	22	簇充电过流二级保护
3	消防主机故障告警	23	簇充电过流一级保护
4	储能系统浸水保护	24	堆母线放电过流告警
5	储能系统辅助电源失电告警	25	堆母线放电过流二级保护
6	电池单体放电欠压告警	26	堆母线放电过流一级保护
7	电池单体放电欠压二级保护	27	堆母线充电过流告警
8	电池单体放电欠压一级保护	28	堆母线充电过流二级保护
9	电池单体充电过压告警	29	堆母线充电过流一级保护
10	电池单体充电过压二级保护	30	低温告警
11	电池单体充电过压一级保护	31	低温二级保护
12	母线放电欠压告警	32	低温一级保护
13	母线放电欠压二级保护	33	超温告警
14	母线放电欠压一级保护	34	超温二级保护
15	母线充电过压告警	35	超温一级保护
16	母线充电过压二级保护	36	温差过大告警
17	母线充电过压一级保护	37	空调通信异常
18	簇放电过流告警	38	空调压缩机故障
19	簇放电过流二级保护	39	空调风机故障
20	簇放电过流一级保护	40	UPS 电源故障

表 3-4　　　　电池阵列管理单元（BAU）技术参数

条目	技术参数
模块供电电压	DC24V（±15%）
最大供电功率	5W
输入绝缘电阻	≥10MΩ，DC1000V
数据通信接口	RS485 接口 2 个，CAN 接口 1 个，以太网 RJ45 接口 1 个
通信波特率	9600bit/s，250kbit/s（默认），100Mbit/s

3.4 电池储能功率变换系统

功率变换系统（power conversion system，PCS）是与储能电池组配套，连接于电池组与电网之间，其工作的核心是把交流电网电能转换为直流形式存入电化学电池组或将电池组能量转换为交流形式回馈到电网，电池储能电站并网规范中有关技术指标主要依赖于储能功率变换系统的软件控制算法实现。电池储能功率变换系统的具体技术方案多种多样，目前主流厂商的储能功率变换系统一般采用三相电压型两电平或三电平 PWM 整流器，其主要优点是：①动态特性随控制算法的调整而灵活可控；②功率可双向流动；③输出电流正弦且谐波含量少；④功率因数可在－1～1 之间灵活调整。电池储能电站功率变换系统深刻的影响和决定了整个电池储能电站是否能够安全、稳定、高效、可靠的运行，同时该系统的性能也对整个电化学电池储能单元的使用寿命有关键影响。电池储能电站功率变换系统的设计方案对提高电池储能电站运行安全性与经济性具有重要意义。本章将根据电池储能电站功率变换系统的各组成部件，探讨其设计相关问题。

3.4.1 电池储能电站功率变换系统简介

功率变换系统设计的核心是利用全控型电力电子开关器件的斩波能力与脉冲宽度调制技术（PWM），通过灵活的软件算法控制开关器件的开通与关断，实现电能的双向流动。功率变换系统主要由干式变压器、交流滤波器（含交流滤波电感与交流滤波电容）、直流电容、交/直流断路器、绝缘栅双极型晶体管（IGBT）功率模块及其对应的控制系统等重要部分组成。

1. 电池储能电站功率变换系统的拓扑结构

实际工程应用中，电池储能电站的功率变换系统可能采用不同的拓扑结构形式，如一级变换拓扑型、二级变换拓扑型、H 桥链式拓扑型等。不同的拓扑结构形式拥有不同的优缺点，适用于不同的应用场景。

（1）一级变换拓扑型。一级变换拓扑型为仅含 AC/DC 环节的单级式功率变换系统，其结构示意图如图 3-10 所示。该结构下储能电池经过串并联后直接连接至 AC/DC 变流器的直流侧。这种功

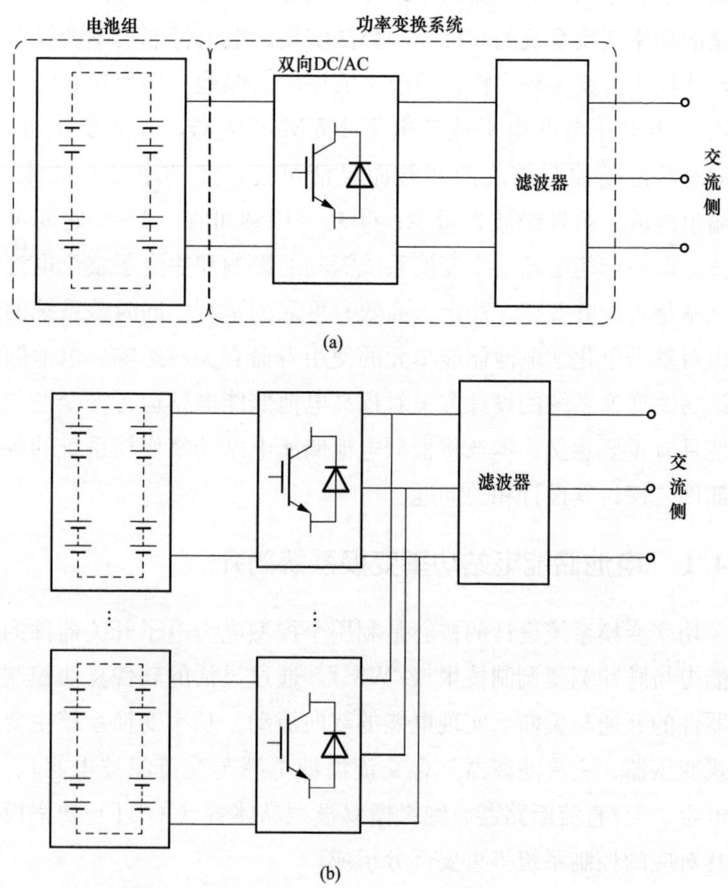

图 3-10　仅含 AC/DC 环节的功率变换系统拓扑结构
（a）单机系统；（b）多机系统

率变换系统结构简单、可靠性较好、能耗相对较低，但储能单元容量选择缺乏一定的灵活性。在实际应用的工程案例中，一级拓扑形式的功率变换系统应用最为广泛。

（2）二级变换拓扑型。两级变换拓扑中含有 AC/DC 和 DC/DC 两级功率变换系统，其结构如图 3-11 所示。双向 DC/DC 环节主要是进行升、降压变换，为并网侧 AC/DC 变换系统提供稳定的直流电压。此种拓扑结构的功率变换系统适应性强，由于 DC/DC 环节实现直流电压的升降，电池组容量配置则更为灵活。但 DC/DC 环节的存在也使得整个系统的功率变换效率降低。

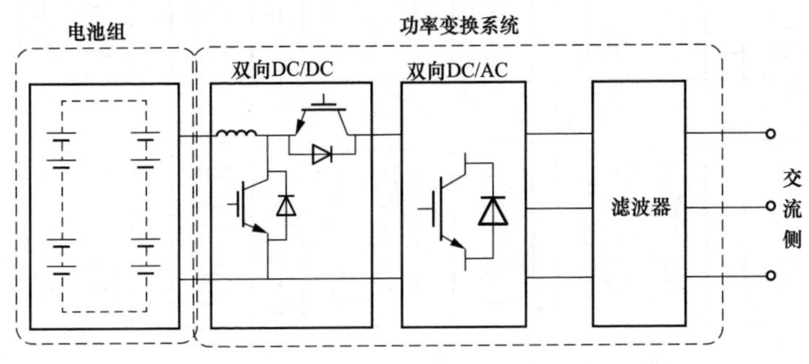

图 3-11　含 AC/DC 和 DC/DC 环节的功率变换系统拓扑结构

（3）H 桥链式拓扑型。H 桥链式拓扑的结构如图 3-12 所示。这类拓扑采用多个 H 桥功率模块串联以实现高压输出，避免了电池的过多串联；每个功率模块的结构相同，容易进行模块化设计和封装；各个功率模块之间彼此独立。这类拓扑结构适用于储能单元容量大于 1MW 的场合。

由于一级拓扑形式的功率变换系统应用最为广泛，下文将主要围绕这一结构进行讨论。

2. 典型拓扑结构下功率变换系统的物理构成

图 3-13 给出了典型拓扑结构下电池储能功率变换系统的物理

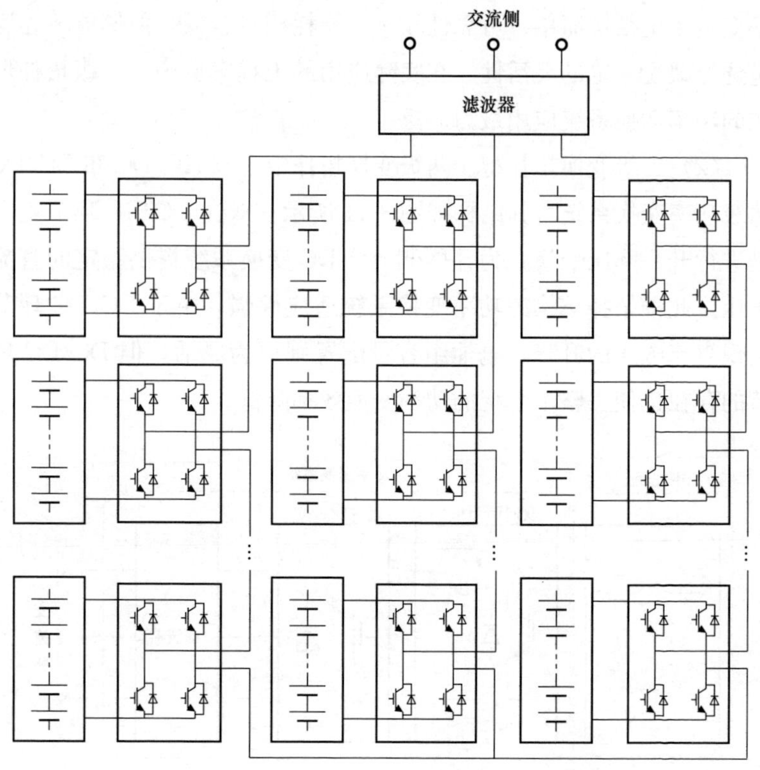

图 3-12　H 桥链式功率变换系统（Y 形接法）

结构示意图，从图中可以看出，功率变换系统主要由直流软启动电路、直流滤波电容、IGBT 功率模块、控制保护单元、交流 LC 滤波器、交流并网接触器、交流 EMI 滤波器、交流断路器、避雷器及干式变压器构成。

直流软启动电路主要用于限制启动过程中储能电池流向变换器直流电容的充电电流，防止过大的电流冲击对储能电池及变换器直流滤波电容造成损害；直流滤波电容的存在是为了防止变换器输出功率突变时直流电压出现较大波动，从而降低直流电压波动对并网变换器控制性能的影响。

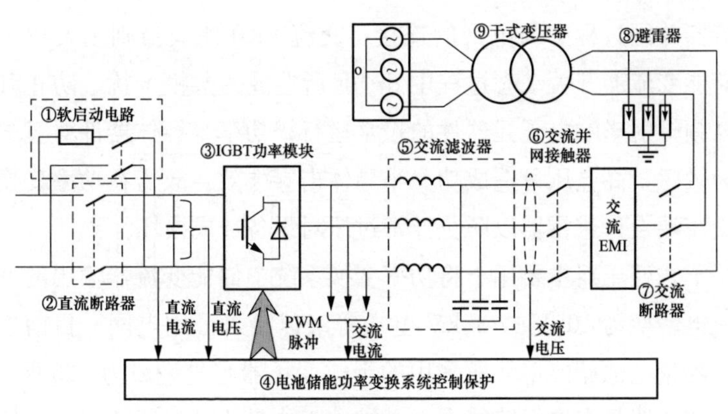

图 3-13　电池储能功率变换系统主电路结构图

IGBT 功率模块采用全桥结构，通过控制三相桥臂中 IGBT 的开通、关断，实现对直流电压的脉冲调制，进而调整变换器输出的交流电压，该交流电压与电网电压共同作用下决定了储能单元注入电网的有功电流与无功电流。IGBT 功率模块承担了能量在交直流形式转换中的核心作用。

功率变换系统中，控制保护单元中的算法决定了储能电站对电网所表现出的动态特性与保护动作行为。国标 GB/T 34120—2017《电化学储能系统储能变流器技术规范》中对功率变换系统中储能变流器控制算法提出了相应的功能要求，如在控制功能方面，要求变流器应具备充放电功能、有功功率控制功能、无功功率调节功能、并离网切换功能、低电压穿越功能、频率/电压响应功能等；在保护逻辑方面，要求变流器应具备短路保护、极性反接保护、直流过/欠压保护、离网过流保护、过温保护、交流进线相序错误保护、通信故障保护、冷却系统故障保护、防孤岛保护等。

交流 LC 滤波主要用于滤除功率变换系统中开关动态所造成的高频谐波分量，防止谐波分量注入电网后造成电能质量的下降，这类谐波具有频率高、分布频带宽的特点；交流接触器用于控制储能变流器并网过程中与电网的连接；交流 EMI 滤波器则主要用于滤除储能变流器开关动态过程中 dv/dt 所造成的共模干扰，防止其造成高频辐射影响电子元器件的正常运行；功率半导体器件对过电压较为敏感，高电压可造成功率半导体击穿失效，故需在功率变换系统交流端设计避雷器以防止异常过压对设备造成损坏。

干式变压器主要用于将功率变换系统中储能变流器输出的低压交流电转换为 10kV 或 35kV 电压等级以接入公用电网。目前主流的大容量电池储能单元所采用的干式变压器容量一般为 1250kVA。干式变压器具有抗短路能力强、维护工作量小、运行效率高、体积小、噪声低等优点。

3.4.2 功能要求

在电化学电池储能电站设计中，为保证站内各储能单元的安全可靠并网运行，功率变换系统的设计可参考以下原则：

（1）功率变换系统应实现储能电池与交流电网之间双向能量转换，具备有功和无功解耦控制的四象限运行功能。

（2）功率变换系统应能接收监控系统的控制指令对电池进行充放电。

（3）功率变换系统应能和电池管理系统（BMS）配合以保障电池的安全。

（4）功率变换系统应能根据上层管理系统指令执行相应动作，实现对充放电电压和电流的闭环控制。

（5）功率变换系统的功能、性能要求应与储能单元需求相匹配，应具备并网充电、并网放电、离网放电、有功功率连续可调、无功功率调节、低电压穿越等功能。

（6）功率变换系统应能采集功率变换系统交、直流侧电压、电流等模拟量和装置正常运行、故障告警等开关量信息。

(7) 功率变换系统应能接收电池管理系统上送的电池电压、温度、计算电量等模拟量和电池正常运行、故障告警等开关量信息。

(8) 功率变换系统应能实现装置运行状态的切换及控制逻辑，且应包含功率变换系统的启停、控制方式的切换、运行状态的转换等。

(9) 功率变换系统应能自动运行，实时显示各项运行数据、故障数据、历史故障数据等。

(10) 功率变换系统应同时配置有硬件故障保护和软件保护，保护功能配置完善，保护范围交叉重叠，没有死区，能确保在各种故障情况下的系统安全。

(11) 功率变换系统宜支持 IEC 61850、CAN、MODBUS 通信，并应能配合监控系统及电池管理系统完成储能单元的监控及保护。

3.4.3 配置和设备选型

电池储能单元的功率变换系统配置和设备选型可参考以下几点原则：

(1) PCS 的拓扑选择应根据工程实际情况，储能单元的容量、能量、电池类型和生产制造水平及对 PCS 性能要求等综合考虑。

(2) 一级变换拓扑结构，仅含 AC/DC 环节的单级式功率变换系统。此种 PCS 拓扑结构简单、能耗相对较低，但储能单元容量选择缺乏灵活性。当有多组储能单元时，可采用仅含 AC/DC 环节共交流侧的拓扑结构，此种配置较灵活，当个别电池组或 AC/DC 环节出现故障时，储能系统仍可工作。

(3) 两级变换拓扑结构，含 AC/DC 和 DC/DC 环节的双级式功率变换系统。此种 PCS 拓扑结构适应性强，容量配置更加灵活，适用于配合间歇性、波动性较强的分布式电源接入，抑制其直接并网可能带来的电压波动，但效率不高。当有多组储能单元时，可采用含 AC/DC 和 DC/DC 环节的共交流侧或共直流侧的拓扑结构。

（4）以某 24MW/48MWh 磷酸铁锂储能电池系统为例进行配置说明：每个电池储能系统内含 2 套 0.5MW/1MWh 储能单元，单套 0.5MW/1MWh 单元对应 1 套 PCS。两套 PCS 在交流低压侧通过开关并联，并共用一台隔离变压器升压后实现与高压环网柜的连接。图 3-14 给出了储能电站内单个电池储能系统所对应功率变换系统一次结构示意图。

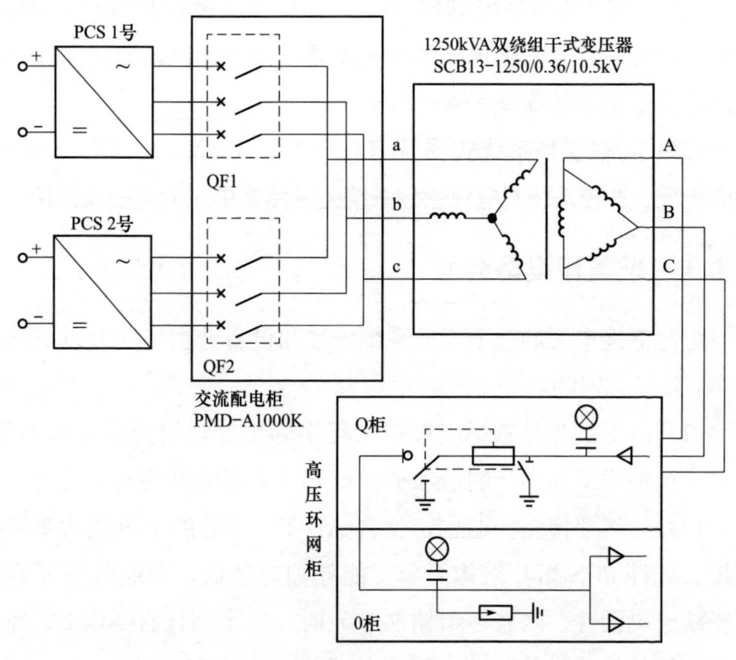

图 3-14　电池储能系统对应电气一次结构示意图

PCS 由 DC/AC 双向变流器、交流防雷模块、直流防雷模块、交流开关、直流开关、滤波器、接触器、冷却设备和控制单元等构成。PCS 控制器通过通信接收监控控制指令，根据功率指令的符号及大小控制变流器对电池进行充电或放电，实现对电网有功功率及无功功率的调节。同时 PCS 可通过 CAN 或者 RS485 接口与 BMS 通信、干触点传输等方式，获取电池组状态信息，可实现对电池的保护性充放电，确保电池运行安全。

PCS 与 BMS、监控系统的通信连接方式如图 3-15 所示。从图中可以看出，PCS 主要需要与 BMS 系统、监控系统及源网荷互动终端通信，其中 PCS 于 BMS 系统通过 CAN/RS485、硬触点与电池管理系统通信，实现电池荷电状态、保护等信息的交互。PCS 与监控系统通过 IEC 61850 通信规约实现，同时通过 A、B 双网的通信结构，提高其与监控后台的通信可靠性；PCS 与源网荷互动终端则直接通过硬触点进行连接，用于接收源网荷互动终端发出的保护动作信号，为电网暂态稳定提供支撑。

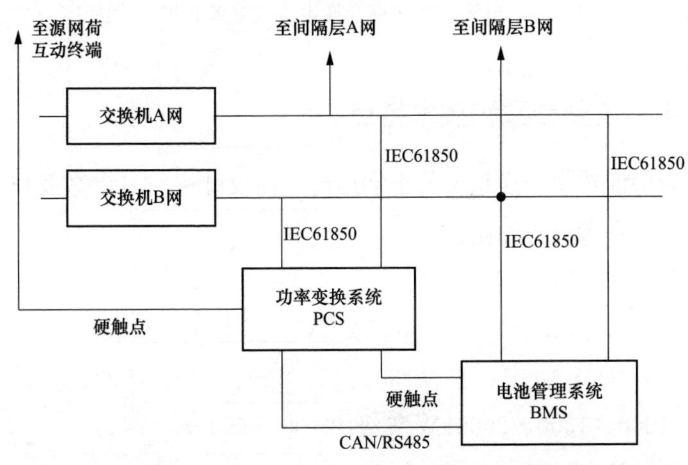

图 3-15　功率变换系统 PCS 对外通信连接示意图

为方便设备布置，针对 PCS 与其连接电气设备可采用成套预制舱设计（可独立布置，也可布置于电池预制舱内），舱内包含升压变压器、PCS 装置、高压开关柜、低压开关柜和测控柜等。图 3-16 给了一种电池储能功率变换系统的预制舱布置示意图，以供设计人员参考。

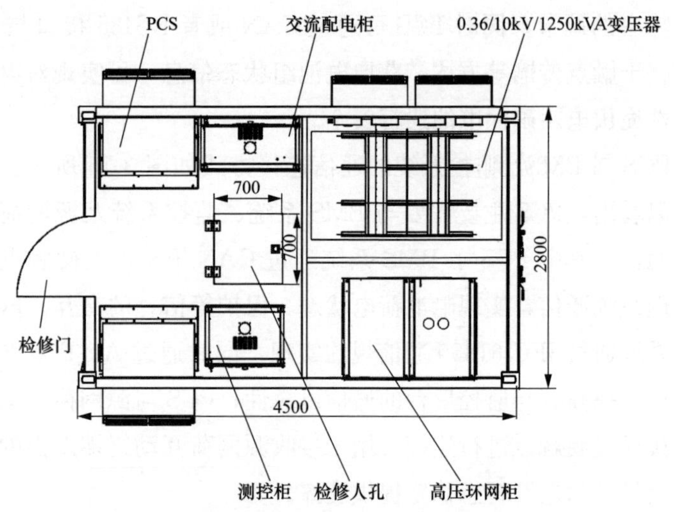

图 3-16　电池储能功率变换系统预制舱布置示意图

3.4.4　主要参数和技术特点

为保证功率变换系统的正常运行，在设计中对其参数及技术要求规定可参考以下原则：

（1）交流侧电压：宜从 0.38（0.4）、0.66（0.69）、1（1.05）、6（6.3）、10（10.5）、35（40.5）kV 电压等级中选取。

（2）额定功率：宜从 30、50、100、200、250、500、630、750、1000、1500、2000kW 等级中选取。

（3）效率：额定运行条件下，PCS 的整流效率和逆变效率不应低于 94%。

（4）损耗：PCS 的待机损耗应不高于额定功率的 0.5%，空载损耗应不高于额定功率的 0.8%。

（5）工作温度：−20～45℃。

（6）工作相对湿度：≤95%。

(7) PCS 安装使用地点应无强烈振动和冲击，无强电磁干扰。

(8) PCS 并网功率因数和电能质量应满足电网要求，各项性能指标满足相关国家标准的要求。

(9) PCS 交流侧电流在 110％额定电流下，持续运行时间应不少于 10min；交流侧电流在 120％额定电流下，持续运行时间应不少于 1min。

(10) 变流器要求能够自动化运行，运行状态可视化程度高。显示屏可清晰显示实时各项运行数据，实时故障数据，历史故障数据。

(11) 变流器本体要求具有直流输入分断开关，紧急停机操作开关。

(12) 运行控制功能要求。

1) 启停控制。PCS 启动时应首先自检，具有完善的软硬件自检功能，装置故障或异常时应告警并详细记录相关信息。

启动时还需要确认与 BMS、监控系统通信正常。

PCS 应设有自复位电路，在正常情况下，装置不应出现程序死循环的情况，在因干扰而造成程序死循环时，应能通过自复位电路自动恢复正常工作。复位后仍不能正常工作时，应能发出异常信号或信息。

启动时间：从初始上电到额定功率运行时间不超过 5s。

关停时间：任意工况下，从接受关停指令到交流侧开关断开所用时间不超过 100ms。

PCS 启动时应确保输出的有功功率变化不超过所设定的最大功率变化率。

除发生电气故障或接受到来自于电网调度机构的指令以外，多组 PCS 装置同时切除的功率应在电网允许的最大功率变化范围内。

2) PCS 装置应能快速切换运行状态，从额定功率并网充电模式状态转为额定功率并网放电状态所需的时间应不大于 100ms。

3）PCS 装置可接收监控系统的控制指令对电池进行充放电。

4）PCS 装置还应能处理电池管理系统的各种告警信息，以确保电池的安全。

5）PCS 装置的充放电策略应充分考虑分系统内的蓄电池的充放电特性。

6）PCS 装置应与分系统内的储能电池管理系统（BMS）通信，依据电池管理系统提供的数据动态调整充放电参数、执行相应动作，实现对充放电电压和电流的闭环控制，以满足电池在各个充放电阶段的各项性能指标。

（13）并网充电技术要求。

1）对储能电池进行恒压充电时，输出直流电压的稳压精度应满足储能电池的具体要求。

2）对储能电池进行恒流充电时，输出直流电流的稳流精度应满足储能电池的具体要求。

3）对储能电池充电时，当 PCS 装置处于稳流充电状态并且电压最高的单体电压达到规定值时，充电电流应根据 BMS 信息自动减小，充电电压自动调整范围应满足储能电池充电要求。

4）充电开始阶段，应根据电池的需要采取必要的限流措施，避免冲击电流对电池及 PCS 自身的损害。对储能电池充电时，当 PCS 装置处于稳压充电状态并且充电电流达到规定值时，充电电压应自动减小，电流自动调整范围应满足储能电池充电要求。

5）当发生单体电池的电压低于最低允许电压时，应根据 BMS 信息进行预充电模式（即小电流充电）。当最低单体电池的电压上升到最低允许电压以上时，应根据 BMS 信息预充电过程结束，转入正常充电模式。

6）当收到 BMS 过充电告警信号、蓄电池单元端电压值升高到充电截止电压，或者充电电流降低到一定限值时停止对蓄电池的充电。当 BMS 中单体电池电压监测电路发生故障，或 PCS 与 BMS 通信中断时，PCS 装置应自动停止充电。

7）当不能通过热管理设备使电池模块内温度控制在规定值范围内时，根据 BMS 信息，自动减小 PCS 装置的充电电流及过温时应停止充电。当 BMS 中单体电池电压监测电路发生故障，或 PCS 与 BMS 通信中断时，PCS 装置应自动停止充电。

（14）并网放电技术要求：

1）PCS 装置应能自动与电网同步。

2）PCS 装置应具有相应的控制功能确保交流输出电能质量满足有关国家标准要求。

3）PCS 应能在容量范围内接受监控系统的指令，快速连续调节输出有功功率（P）和无功功率（Q），实现有功、无功解耦控制。运行过程中最低要求功率因数在－1～＋1 之间连续可调。PCS 装置的最大功率变化率应满足并网标准和调度要求。

4）当有接收到 BMS 的过放电告警信号，或者储能电池最低单体电池电压低于最低允许放电电压时应停止蓄电池的放电。

5）当不能通过热管理设备使电池模块内温度控制在规定值范围内时，应根据 BMS 信息调整 PCS 装置的放电电流，过温时应自动停止放电。

6）当 BMS 中单体电池电压监测电路发生故障，或 PCS 与 BMS 通信中断时，PCS 装置应自动停止放电。

（15）变流器应具有功率模块过流过温保护、功率模块驱动故障保护、直流过压/欠压保护、直流过流保护、主流输入反接保护、交流过压/欠压保护、交流过流保护、频率异常保护、交流进线相序保护、电网电压不平衡保护、输出直流分量超标保护、输出电流谐波超标保护、防非计划性孤岛保护、短路保护、冷却设备故障和通信故障等保护功能，并相应给出各保护功能动作的条件和工况。当PCS检测到上述紧急故障后，应立即封脉冲，跳交直流两侧断路器，停机告警。故障清除后，需手动复归故障标志，PCS装置方可继续投入使用。

（16）PCS装置应具备CAN、RS485/RS232和以太网通信接口。PCS与监控系统通信宜采用以太网接口，宜支持MODBUS RTU、IEC 61850、PROFIBUS DP通信协议；与电池管理系统通信宜采用CAN、RS485接口，宜支持CAN2.0、MODBUS RTU通信协议。

（17）PCS装置应能支持以EMS为主时钟源，由EMS向PCS进行网络对时的对时方式。

（18）与监控系统的信息交互。

上传量：PCS上传告警信息、开关量、模拟量等必要信息至储能电站监控系统。

下行量：储能电站监控系统下达运行策略信息、控制信息等必要信息至PCS。

（19）与BMS的信息交互。

发送信息：BMS发送电池充放电控制相关信息、告警信息等必要信息至PCS。

表3-5以一个500kW功率变换系统为例，直观给出了其设计要求的技术参数表，以供设计人员参考。

表3-5　　500kW PCS技术参数

序号	名称	技术要求	备注
1	最大效率（%）	99.0	不含变压器
2	接线方式	三相三线制	
3	额定功率（kW）	500	在55℃长时间运行
4	交流过载能力（%）	110	在50℃长期运行
		120	10min

续表

序号	名称		技术要求	备注
5	允许环境温度（℃）		−30～+55	
6	允许相对湿度（%）		10～95	无冷凝，无结冰
7	防护等级		IP21	成套系统满足 IP54
8	耐用时间（年）		25	平均温度 25℃，24h/日在使用期间可更换元器件
9	噪声		在舱体外 1m 处测量，PCS 成套设备白天不大于 55dB，夜晚不大于 45dB	在舱体外 1m 处测量，PCS 成套设备白天不大于 55dB，夜晚不大于 45dB
10	冷却方式		温控强迫风冷	
11	绝缘电阻（MΩ）		>10	输入电路对地、输出电路对地的绝缘电阻
12	介质强度		AC 2kV，1min	漏电流小于 20mA
13	切换开关		交流接触器+断路器	
14	人机交互		预留源网荷智能互动终端接口	
15	直流侧参数	最大直流功率（kW）	550	
		直流母线最高电压（V）	850	
		直流侧最大电流（A）	1077	
		直流电压工作范围（V）	520～850	
		直流电压纹波系数（%）	<5	
16	交流侧参数	额定功率（kW）	500	
		最大输出功率（kW）	550	长时间运行
		交流接入方式	三相三线	
		隔离方式	无隔离	
		无功范围（kvar）	−500～+500	

续表

序号	名称		技术要求	备注
17	并网运行参数	额定电网电压（V）	360	
		允许电网电压（V）	324～396	
		额定电网频率（Hz）	50	
		允许电网频率（Hz）	45～55	
		电流总谐波畸变率（%）	＜3	
		功率因数	＞0.99，－1～＋1可设置	
		充放电转换时间（ms）	＜100	满充到满放小于100
18	离网运行参数	额定输出电压（V）	360	
		电压偏差（%）	＜±3	
		电压不平衡度（%）	＜2	
		电压总谐波畸变率（%）	＜3	
		额定输出频率（Hz）	50	
		动态电压瞬变范围（%）	＜10	
		输出过压保护值（V）	396	
		输出欠压保护值（V）	324	
19	显示和通信	通信接口	RS485、Ethernet、CAN	
		人机界面	触摸屏	
		通信规约	PCS与BMS采用485，PCS与EMS采用双网IEC 61850	不能采用规约转换

3.5 电池储能电站监控与调度管理系统

储能站监控与调度管理系统是全站各独立设备、子系统得以统一、有序、安全、高效运行的重要保障，基于模块化编程理念，具备丰富多样的应用功能，包括SCADA功能、诊断预警功能、全景分析功能、优化调度决策功能和有功无功控制功能的基本功能，以及电网调频、平衡输出、计划曲线、电价管理等负责电网辅助服务的特殊功能。各功能模块不配置独立装置，在同一系统平台上通过不同的界面进行功能实现，使得系统运行更加灵活高效、管理更加便捷。储能电站监控与调度管理系统是联结电网调度和电池储能电站的桥梁，一方面接受电网调度指令，另一方面把电网调度指令分配至各电池储能单元，同时监控整个电池储能电站的运行状态，分析运行数据，确保电池储能电站处于良好的工作状态。本节主要对电池储能电站监控与调度管理系统的基本构成进行简要说明，并就其设计原则进行讨论。

3.5.1 监控与调度管理系统简介

1. 监控与调度管理系统的硬件构成

监控系统主网采用单/双 10/100Mbit/s 以太网结构，通过 10/100Mbit/s 交换机构建，采用国际标准网络协议。SCADA 功能采用双机热备用，完成网络数据同步功能。其他主网节点，依据重要性和应用需要，选用双节点备用或多节点备用方式运行。主网的双网配置是完成负荷平衡及热备用双重功能，在双网正常情况下，双网以负荷平衡工作，一旦其中一网络故障，另一网络就完成接替全部通信负荷，保证实时系统的 100％可靠性。

（1）SCADA 服务工作站。负责整个系统的协调和管理，保持实时数据库的最新最完整备份；负责组织各种历史数据并将其保存在历史数据库服务器。当某一 SCADA 工作站故障时，系统将自动进行切换，切换时间小于 30s。任何单一硬件设备故障和切换都不会造成实时数据和 SCADA 功能的丢失，主备机也可通过人工进行切换。

（2）操作员工作站。完成对电网的实时监控和操作功能，显示各种图形和数据，并进行人机交互，可选用双屏。它为操作员提供了所有功能的入口；显示各种画面、表格、告警信息和管理信息；提供遥控、遥调等操作界面。

（3）前置通信工作站。负责接收各厂站（或用户）的实时数据，进行相应的规约转换和预处理，通过网络广播给计算机监控系统机系统，同时对各厂站发送相应的控制命令。信息采集包括对RTU（模拟量、数字量、状态量和保护信息）、负控终端等的采集。控制的功能包括遥控、遥调、保护定值和负控终端参数的设定和修改。双前置机工作在互为热备用状态，当其中一台工作站故障时，系统将自动进行切换。

SCADA服务工作站、操作员工作站、前置通信工作站功能可以集成在同一计算机平台实现。

（4）数据网关机（远动工作站）。负责与调度自动化系统进行通信，完成多种远动通信规约的解释，实现现场数据的上送及下传远方的遥控、遥调命令。

（5）五防工作站。五防工作站主要提供操作员对变电站内的五防操作进行管理。可通过画面操作在线生成操作票；在制作操作票的过程中，可进行操作条件检测；可在画面上模拟执行操作票；系统可提供操作票模板，在生成新操作票时，只需对操作票模板中的对象进行编辑，就可生成一新操作票。系统还具有操作票查询、修改手段及按操作票及设备对象进行存储和管理功能，并可以设置与电脑钥匙的通信。

（6）Web服务器。Web服务器为远程工作站提供SCADA系统的浏览功能。安装配置防火墙软件，确保访问安全性。

（7）远程工作站。通过企业内Intranet方式（通过路由器组成广域网）和公众数据交换网Internet方式（通过电话线MODEM拨号、ISDN或DDN方式），使用EXPLORE或其他商用浏览器，实现远程浏览实时画面、报表、事件记录、保护定值、波形和系统自诊断情况。

说明：因采用多进程、多线程操作系统，因而也可以在一台计算机上运行多个应用模块。可根据现场实际情况进行节点的灵活配置。如当地监控因工作量较少，只需一台计算机即可完成所有功能。

（8）保信子站。保信子站主要提供保护工程师对变电站内的保护装置及其故障信息进行管理维护的工具，对下接收保护装置的数据，对保护主站上送各种保护信息，并处理主站下发的控制命令。保信子站关心的信息包括保护设备（故障录波器）的参数、工作状态、故障信息、动作信息。

故障录波综合分析提供保护工程师故障分析的工具，作为事故处理、运行决策的依据。故障录波综合分析不仅分析录波数据，还综合考察故障时的其他信号、测量值、定值参数等，提供多种分析手段，产生综合性的报告结果。

（9）通信管理机。负责接收各装置的实时数据，进行相应的规约转换和预处理，通过网络送给计算机监控系统机及保信子站系统，同时接收计算机监控系统机或保信子站的命令，对各保护装置发送相应的控制命令。信息采集包括对四遥数据、保护模拟量、数字量、状态量和保护事件、故障录波信息等。控制的功能包括遥控控制、修改定值、远方复归等。双通信管理机工作在互为热备用状态，当其中一台管理机故障时，系统将自动进行切换。

（10）规约转换器。负责接收装置的实时数据，进行相应的规约转换和预处理，通过指定通信规约送给当地监控系统，同时接收监控系统的命令，对装置发送相应的控制命令。

2. 监控与调度管理系统的架构

储能站在电力系统调度中的层级位置与变电站相当，从便于调度体系统一管理角度出发，储能站监控系统对上支持 104 规约、对下提倡 61850 标准体系实现实时远程监控、全站无规转。储能站中大部分数据来自 BMS，而大量的数据为非关键性的运维数据，例如以典型 1MWh 的磷酸铁锂电池的 BMS 数据为例，BMS 总数据信息点达到上千个，而关键数据信息点仅为一百多个，为了避免大量的数据占用宝贵的实时数据网络，针对不同的应用场景，存在集中式和分层式的两种监控系统构架。

集中式监控系统将 PCS、BMS、保测装置等数据统一通过 61850 网络上送至监控系统主站，实现统一管理、统一存储和统一调阅。这种构架网络拓扑简单，监控系统成本较低，配置方便，在保证监控主机运行效率和网络数据带宽充裕的情况下，可优先考虑采用。现阶段国内已建、在建电池储能站均采用了集中式架构，运维习惯与常规变电站一致，实用性强。

分布式监控系统构架分为电站监控主机和本地监控两个层级，图 3-17 给出了某实际工程中所采用的分布式监控系统架构示意图。本地监控采集所监视区域（单个仓，或者几个单元）内就地设备（包括 PCS、BMS 等）的详细信息，并进行就地存储；就地层设备和电站监控主机之间的保护控制关键信息，通过 61850 数据主网络直接交互。电池储能站监控主机通过 SOA 服务总线与本地监控相连，用户可以在监控主站按需调阅本地监控的画面和数据库，实现对详细数据的查阅、监控。分布式监控系统可解决大型储能电站全数据监视和关键数据快速管控的矛盾。在实现全数据监视、存储的同时，减轻了监控主机及关键数据网络的负担，提升了储能监控的运行效率和可靠性。若未来储能站规模较大，可考虑采用分布式架构。

3.5.2 监控与调度管理系统设计的基本原则

计算机监控系统的结构、功能、设备配置、设备性能应满足和适应电化学电池储能电站各种运行工况及控制流程的要求，同时还应满足不同层次的控制和管理要求。

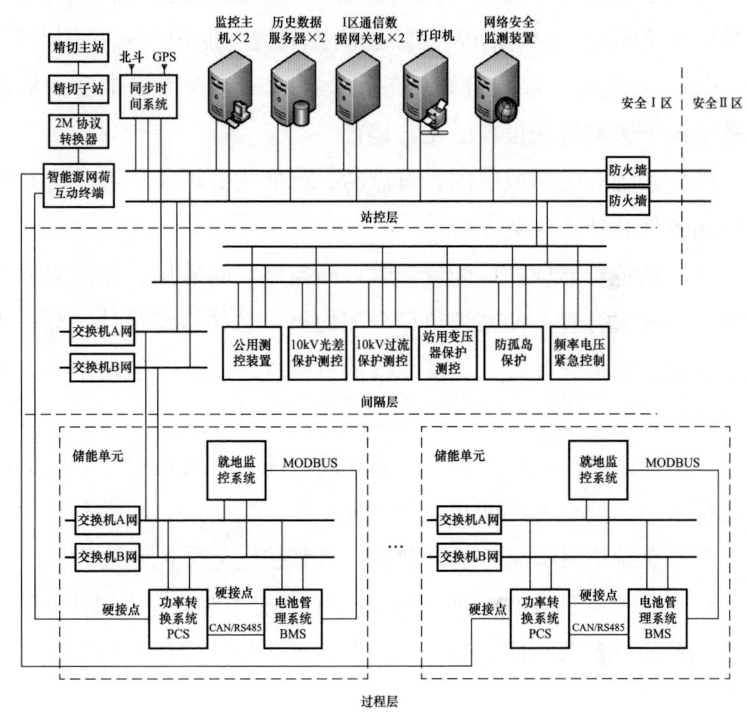

图 3-17　电池储能电站监控与调度管理系统架构示意图

（1）系统的规划、设计应遵循相关国家标准、电力行业标准、能源行业标准、国网公司企业标准等。

（2）系统的功能和配置应以储能电站一次系统的规模、结构以及运行管理的要求为依据，与储能电站的建设规模相适应，满足储能电站远景预期运行管理的发展要求，确保储能电站的安全、优质、经济运行。

（3）系统应采用开放性的分层分布式系统结构，当系统中任何一部分设备发生故障时，系统整体以及系统内的其他部分仍能继续正常工作。

（4）系统应高度可靠、冗余，站控层主机采用双机冗余结构，站控层网络采用冗余网络，间隔层测控装置、保护装置采用双网、双 CPU、双电源、双主机架热备冗余配置，确保系统本身的局部故障不至于影响现场设备的正常运行。

（5）系统应采用成熟的、可靠的、标准化的硬件，且具有长期的备品备件和技术服务支持。

（6）系统功能软件应配置完善，站控层、间隔层、储能单元层之间功能分配合理，使系统负荷分配均衡，总体性能最佳。软件采用模块化、结构化设计，保证系统的可扩性，满足功能增加及规模扩充的需要。

（7）控制网络应速度快、可靠性高、施工方便，便于后续储能单元接入，储能单元之间相互干扰少。

（8）系统应具有良好的开放性、可维护性与可扩充性。

（9）系统应具有良好实时性，抗干扰能力强，适应现场环境。系统配置和设备选型应适应计算机发展迅速的特点，具有先进性和向后兼容性。

（10）系统应具有功能强大、界面友好的人机接口，人机联系操作方法简便、灵活、可靠，适应运行操作习惯。

（11）系统安全防护的总体原则为“安全分区、网络专用、横向隔离、纵向认证”，以保证电力监控系统和电力调度数据网络的安全。

1. 功能要求

系统应实现对储能电站的监视、测量、控制，具备遥测、遥信、遥调、遥控等远动功能和同步对时功能，具有与调度中心交换信息的能力。

（1）数据采集。

1）对储能电池运行状态参数进行采集，至少包括电压、电流、荷电状态、温度等遥测信号，以及开关状态、事故信号、异常信号等遥信信号。

2）对变流器的电压、电流、温度等遥测信号，以及开关状态、事故信号、异常信号等遥信信号进行采集。

3）对接入电网接口的电压、电流、相位、频率、有功功率、无功功率、功率因数、有功电量和无功电量等遥测信号，以及开关状态、事故信号、异常信号等遥信信号进行采集。

4）事故报警信号优先传递，并记录事故发生的时间（年、月、日、时、分、秒、毫秒）及其简短的描述文字，自动打印，并在显示器上显示和发出报警及语音告警信号。

（2）数据处理。

1）具有数据编码、校验传递误差、误码分析及数据传输差错控制功能。

2）生成数据库，供显示、刷新、打印、检索等使用。

3）对重要监视量进行变化趋势分析，及时发现故障征兆，提供运行指导，事故发生后进行事故相关数据查询。

4）对数据进行越限比较，越限时发出报警信号，异常状态信号在显示器上显示或自动在显示器上推出相关的报警画面，并打印记录。

5）对采集到电气量、非电气量、数字量、累加量进行计算和统计分析。

6）全厂事件顺序记录（SOE）。对主要断路器、主设备、公用设备和出线线路等的动作、事故和故障，各继电保护装置动作信号，站用电系统的事故和故障进行记录。记录包括每个事件发生的时间和事件性质等，事件记录分辨率满足系统实时性要求。

(3) 监视。

1) 运行监视。监视各设备的运行工况、位置、参数等。

2) 过程监视。对储能单元各种运行工况转换，各电压等级设备的运行方式改变引起的开关操作等过程所需要的操作步骤予以监视。

3) 监控系统异常监视。当监控系统的硬件或软件发生故障时，给出提示信息，并在操作员工作站显示器上显示故障位置和进行打印记录。

4) 在电力系统事故或电站设备工作异常时，监控系统能自动发信号给音响报警系统，并显示报警信息，指示事件的性质、地点、时间和异常参数值。

5) 监控系统能与电站工业电视监视系统进行通信，在电站出现事故或故障报警时，将报警信息传送至工业电视监视系统，在事故时自动推出相关区域的监视图像。

(4) 控制与调节。

1) 操作员可通过人机接口（鼠标或键盘），或者监控系统根据调度的命令或应用程序的命令自动或单步模式对监控系统对象进行控制和调节。在操作员进行控制、调节过程中，监控系统应具有运行操作指导功能。

2) 控制和调节内容包括：断路器开/合、调节变压器抽头、设定值控制、间隔内程序化控制定义、厂站间控制序列预定义、无功补偿装置投切及调节。

3) 站用电 10kV 断路器和 0.4kV 进线及联络断路器的投入和分断，操作顺控有完善可靠的防误闭锁措施。

(5) 记录和报告。

1) 操作事件记录。将所有操作自动按其操作顺序记录下来，包括操作者所使用的设备（操作源）、操作对象、操作指令、操作开始时间、执行过程、执行结果及操作完成的时间等。

2）报警事件记录。对报警事件记录具有一定的筛选功能，可根据操作人员的要求或自动将各种报警事件按时间顺序记录其发生的时间、内容和项目等，生成报警事件汇总表。

3）报告。生成各种周期性的统计报表，时间间隔可由操作人员选择，也可根据操作员的指令随时生成各种报表。

4）趋势记录。根据操作人员的选择，记录重要监视量的运行变化趋势。

5）事件顺序记录。根据全厂事件顺序记录（SOE）的要求完成事件顺序排列、显示、打印和存档。每个事件的记录和打印包括事件名称、状态描述和时标。

6）事故追忆和相关量记录。根据设定的事故追忆点，对事故前和事故后一段时间的数值进行记录，形成事故追忆记录。具体记录量应可设置，记录时间、采样周期应能调节。事故追忆记录值除打印记录外还可用曲线在显示器上显示。

（6）图形显示。

1）系统应配备显示器用于人机联系及对主要运行参数、事故和故障状态等以数字、文字、图形、表格的形式组织画面进行动态显示。

2）系统的人机界面应采用面向对象技术，采用图模库一体化技术，建立多平面多层次矢量化无级缩放图形系统，生成单线图的同时，自动建立网络模型和网络库。

3）具有灵活易操作的图形用户界面和世界图功能。系统应提供灵活、方便和丰富的图形编辑功能，可以利用系统自备的图元与用户编辑的图元，自主地定制各种接线图、目录、曲线等。

4）需具备全图形人机界面，画面可以显示来自不同分布服务器节点的数据。系统的所有应用均应采用统一的人机界面。提供方便、灵活的显示和操作手段以及统一的风格。

（7）通信控制。

1）电站站控层通过两台远动通信工作站实现与调度中心的通信；电站站控层对本级计算机主设备之间的通信进行管理和控制，保证任何时候均不会发生阻塞，并满足监控系统实时性的要求。

2）电站站控层向间隔层发送指令，并接收间隔层设备上送的各种信息。

3）通过卫星同步时钟系统对计算机监控系统内部各设备和继电保护设备进行时钟同步。

（8）系统诊断。

1）硬件诊断。系统应根据各计算机及外围设备、通信接口、通道等的运行情况进行在线和离线诊断。对于冗余的系统设备，当诊断出主用设备故障时，能自动发信号并切换到备用设备。当诊断出外围设备故障时，能自动将其切除并发信号。

2）软件诊断。系统应在线和离线诊断各种应用软件和基本软件故障，当程序死锁或失控时，能自动启动或发出冗余切换请求，并具备自恢复功能。本系统电源消失时，系统保持当时的状态；当电源恢复后，系统自动恢复，所有的信息和数据不丢失。

3）在系统进行在线诊断时，不能影响计算机系统对电站设备的监控功能。

（9）报表服务。

1）应具有报表定义编辑、显示、存储、打印等功能，具有便于制作报表的数据定义功能。

2）可灵活定义和生成时报、日报、周报、月报、季报及年报等，报表的生成时间、内容、格式和打印时间可由用户定义。

（10）诊断预警。

1）实时监视储能系统各种运行数据，进行关联性分析，提供数据诊断和分析决策功能。

2）在线分析电池串、电池堆、PCS 及回路告警和故障信息，从设备的告警、异常和故障信息中进行分析，分析系统运行中可能存在的隐患问题，及时提供重要信息。

3）分析对储能系统运行可能产生的影响，及时、准确地判断储能系统异常或故障类型，通知运行人员进行维护，提前做好应对措施，并自动实施异常工况限制、故障保护和声光报警显示功能。

4）监控储能回路、电池系统和变流器的运行状态和数据，进行关联性分析，提供数据诊断和分析决策功能。

（11）时钟同步。系统设备应从站内时间同步系统获得授时（对时）信号，保证 I/O 数据采集单元的时间同步达到 1ms 精度要求。当时钟失去同步时，应自动告警并记录事件。计算机监控系统站控层设备优先采用 NTP 对时方式，间隔层设备的对时接口优先选用 IRIG-B 对时方式。

（12）用户权限管理。系统应可通过对用户在系统功能、用户级别、目标对象、操作节点等方面的允许范围进行定义，规范用户权限。

2. 配置和设备选型

（1）站控层设备。该层级的设备主要包括 1 套实时访问数据服务器、1 套历史数据存储服务器、2 套主机/操作员工作站（其中 1 套兼做五防工作站）、2 套用于远动通信的工作站、2 套调度数据网接入设备（含交换机、路由器、纵向加密认证装置）、1 套公用接口装置、1 套卫星时钟同步系统（接收北斗、GPS）、2 套主交换机及附属网络设备、1 套软件系统（含系统软件、应用软件、主机加固软件、五防闭锁系统、EMS 系统、电气监控子系统、智能辅助控制子系统等）、2 台打印机、1 套工作台等设备。

（2）间隔层设备。2 套 10kV 网络交换机及其敷设设备、线路测控保护装置、站用变压器测控保护装置、公用测控装置、10kV 测控保护装置一体化单元等。

3. 主要参数和技术特点

（1）实时性。

1）电气模拟量采集周期：≤1s。

2）非电气模拟量的采集周期：≤1s。

3）一般数字量采集周期：≤1s。

4）事件顺序记录（SOE）分辨率：≤1ms。

5）所有四遥信息的变化响应时间：≤2s。

6）调用新画面的时间：从调用指令开始到图像完全显示时间不大于 2s。

7）在已显示的画面上实时数据刷新时间：从数据库刷新后不大于 1s。

8）操作员发出执行命令到控制单元回答显示的时间：不超过 2s。

9）报警或事件产生到画面字符显示和发出音响的时间：不超过 2s。

10）双机（工作站）切换时间：双机热备用，切换时保证无扰动、实时数据不丢失、实时任务不中断。

（2）可靠性。

1）系统中任何设备的任何故障均不应影响其他设备的正常运行，同时也不能造成所有被控设备的任何误动或关键性故障。

2）站控层的各工作站或计算机（含磁盘）的 MTBF（故障平均间隔时间）应大于 20000h。

3）间隔层关键设备的 MTBF 应大于 40000h。

4）系统可用率在 99%以上。

5）四遥信息正确率在 99%以上。

（3）可维修性。

1）可维修性参数平均修复时间（MTTR）一般应考虑在 0.5h 的范围内。

2）设备应具有自诊断和故障寻找程序，应按照现场可更换部件水平来确定故障位置。

3）应有便于试验和隔离故障的断开点。

4）应配置合适的专用安装拆卸工具。

5）互换件或不可互换件应有措施保证识别。

（4）可用性。

1）年可用率大于等于 99.99%。

2）运行寿命大于等于 8 年。

3）冗余热备用节点之间实现无扰动切换，热备用节点接替值班节点的切换时间小于等于 5s（主备通道的切换时间小于等于 20s）。

4）冷备用节点接替值班节点的切换时间小于等于 5min。

5）任何时刻冗余配置的节点之间可相互切换，切换方式包括手动和自动两种方式。

6）任何时刻保证热备用节点之间数据的一致性，各节点可随时接替值班节点投入运行。

7）设备电源故障实现无缝切换，对双电源设备无干扰。

（5）安全性。

1）电力二次系统安全防护的总体原则为“安全分区、网络专用、横向隔离、纵向认证”，以保证电力监控系统和电力调度数据网络的安全。

2）对系统每一功能和操作提供检查和校核，发现有误时能报警、撤销。设备的操作，应设置完善的软件闭锁条件，对各种操作进行校核，即使有错误的操作，也不应引起被控主设备的损坏。

3）对操作员的每次/每步操作，应设检查、提醒和应答确认，能自动禁止误操作并报警。

4）对任何自动或手动操作可作提示指导或存贮记录。任何复杂的操作，都应可以选择自动或以分步操作方式实现，当以分步操作的方式实现时，每步操作过程中，应设置相应的检查、提示指导和应答确认，并可实现中间停止，返回安全状态。

5）系统设计应保证信息传送中的错误不会导致系统关键性故障。通信故障时发出报警。

6）监控网络的主通信通道采用冗余设置，应定期进行各网络通信通道检测，保证通道的正常工作，检测结果不正常时，进行报警及处理，切换到热备用通信通道并发出通道故障信号。如在1s内未能通信成功，则发出通信失败故障信号。

7）按照《电力二次系统安全防护总体方案》的要求，生产控制大区可以分为控制区（安全Ⅰ区）与非控制区（安全Ⅱ区），计算机监控系统（安全Ⅰ区）与非控制区（安全Ⅱ区）之间应采用具有访问控制功能的设备、防火墙或者相当功能的设施，实现逻辑隔离。

8）电站计算机监控系统通过电力广域网与网调、省调的通信，必须加装经过国家指定部门检测认证的电力专用纵向加密认证装置或者加密认证网关及相应设施。

9）监控系统中的实时数据服务器、历史数据服务器、远动通信工作站等设备应当使用行业认可的安全加固操作系统。加固方式具体可包括安全配置、加装安全补丁、采用专用软件强化操作系统访问控制能力以及配置安全的应用程序等。

10）应有电源故障保护和自动重新启动，且不会对电站的被控对象产生误操作。

11）设备故障能自动切除或切换到备用设备上，而不影响系统的正常运行，并能报警。

12）软件应具有完善的防错纠错功能。软件的一般性故障应能登录且具有无扰动自恢复能力。

13）软件系统应有防止计算机病毒侵入的能力。

14）任何硬件和软件的故障都不应危及电力系统的完善和人身的安全。

15）系统中任何单个元件的故障不应造成生产设备误动。

（6）信息处理指标。

1）主站对遥信量、遥测量、遥调量和遥控量处理的正确率为100%。

2）遥信动作准确率 100%。

3）遥控准确率 100%。

4）遥调准确率 100%。

5）主站设备与系统 GPS 对时精度小于 100ms。

3.6　电池储能电站电气一次系统设计

电化学电池储能电站的电气一次系统的设计是对站内电气一次设备的选型、布置、接线方式等进行设计，主要涉及电力系统短路电流的计算、负荷计算、接入线路/电力电缆的征地和路径等。本节主要就电气一次系统设计的原则进行简要探讨。

3.6.1　电池储能电站接入设计原则

（1）电站接入电网的电压等级应根据电站容量及电网的具体情况确定。大、中型电化学储能电站宜采用 10kV 或更高电压等级。

（2）电站接入电网公共连接点的电能质量应符合现行国家标准，向电网馈送的直流电流分量不应超过其交流额定值的0.5％。

（3）电站有功、无功功率控制应满足应用需求，动态响应速度应满足并网调度协议的要求。

（4）电站的无功补偿装置配置应按照电力系统无功补偿就地平衡、便于调整电压和满足定位需求的原则配置。

（5）并网运行模式下，不参与系统无功调节时，电站并网点处超前或滞后功率因数不小于0.95。

3.6.2 电气主接线设计原则

（1）电气主接线应根据电站的电压等级、规划容量、线路和变压器连接元件总数、储能系统设备特点等条件确定，并应满足供电可靠、运行灵活、操作检修方便、投资节约和便于过渡或扩建等需求。

（2）高压侧接线形式应根据系统和电站对主接线可靠性及运行方式的要求确定，可采用单母线、单母线分段等接线形式。

（3）以某20MW/80MWh的储能电站为例给出一个主接线样例。储能电站主要由储能电池、变流器（PCS）及升压变压器组成。变流器可实现电能的双向转换：在充电状态时，变流器作为整流器将电能从交流变成直流储存到储能装置中；在放电状态时，变流器作为逆变器将储能装置储存的电能从直流变为交流。储能电站分为10个储能单元，本工程电池2MW/8MWh为一个单元，经过4台500kW变流器接入一台2000kVA升压变压器的低压侧母线，升压变压器通过电缆汇集后一点接入通过35kV线路接入白杨110kV升压站35kV侧。储能单元功率框图如图3-18所示。20MW/80MWh储能系统电气主接线示意图如图3-19所示。

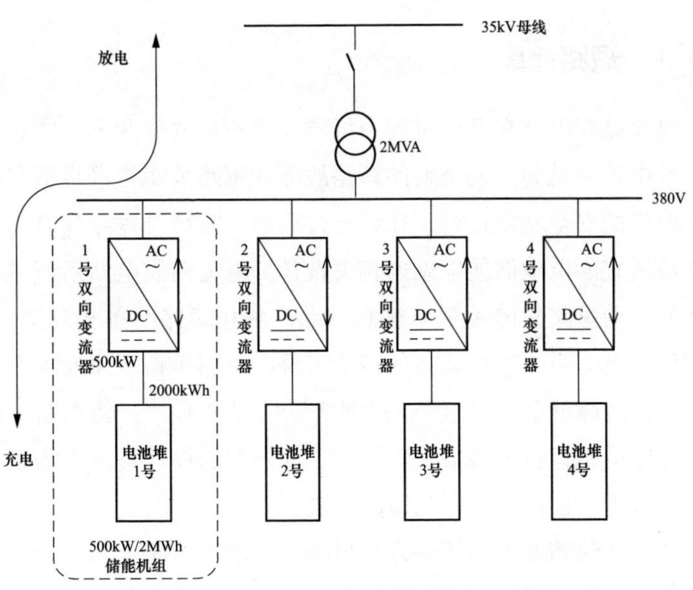

图 3-18　2MW/8MWh 储能单元功率框图

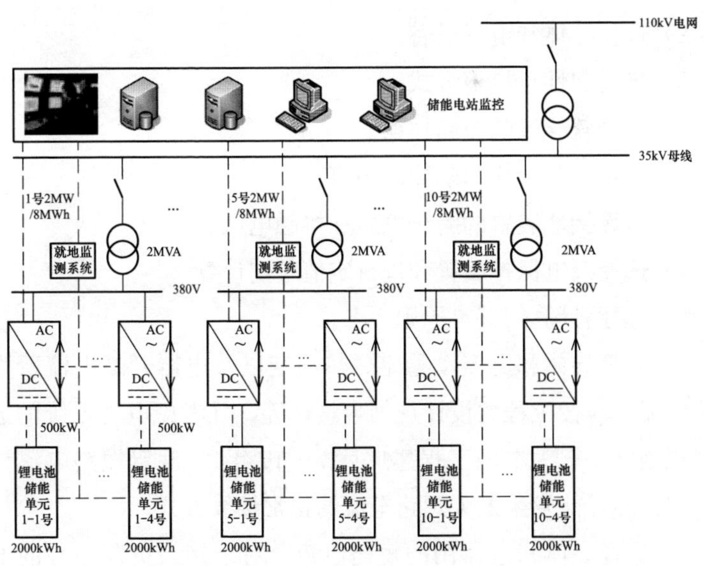

图 3-19　20MW/80MWh 储能系统电气主接线示意图

3.6.3 短路计算

电池储能电站在运行过程中可能发生各种故障和不正常运行工况，其中最常见为不同类型的短路故障。短路故障将严重危害电池储能电站的安全稳定运行，在设计过程中，需结合短路计算结果选定参数适宜的电池储能电站内相关设备。电池储能电站运行过程中可能发生的短路故障主要有三相短路、两相短路与单相对地短路。根据传统电力系统过往运行的经验来看，单相短路故障发生的频次最高，占故障的70%以上 。根据实际情况来看，三相短路故障对电池储能电站运行危害最大，故在工程前期的设计过程中需根据三相短路故障来校核储能电站短路电流。

(1) 电池储能电站短路计算目的。在电池储能电站设计过程中进行短路计算主要可实现以下几个目的：

1) 电气主接线形式比对。

2) 选择导体和电气设备。

3) 确定中性点接地方式。

4) 计算软导线的短路摇摆。

5) 确定分裂导线间隔棒的距离。

6) 验算接地装置的跨步电压和接触电压。

7) 选择继电保护装置和进行定值整定计算。

(2) 短路计算的基本原则。

1) 验算导体和电器动稳定、热稳定以及电器开断电流所用的短路电流，应按工程的设计规划容量计算，并考虑电力系统的远期发展规划（一般为本期工程建成后5～10年）。确定短路电流计算时，应按照可能发生最大短路电流的正常接线方式。

2) 选择导体和电器用的短路电流，对于接入负荷中心的电池储能电站，在电气连接的网络中，应考虑具有反馈作用的异步电动机的影响和电容补偿装置放电电流的影响。

3）选择导体和电器时，对不带电抗器回路的计算短路点，应选择在正常接线方式时短路电流为最大的地点。

4）导体和电器的动稳定、热稳定以及电器的开断电流一般按三相短路验算。

（3）电池储能电站的短路特性。电池储能电站中各储能单元通过储能变流器接入交流电网，储能变流器的特性在很大程度上影响着电池储能电站的短路特性。目前市场上主流的储能变流器采用基于 PWM 技术的电压源型变换器实现，变换器可采用 2 电平、3 电平或多电平拓扑结构实现，图 3-20 中给出基于 3 电平拓扑结构的储能变流器结构简化示意图。由于储能变流器基于电力半导体开关器件，其热过载能力低，系统故障容易造成元件的损坏，故一般需配置相应的限压和限流保护策略。因此，在短路计算中可将储能变流器视为可控的电流源。

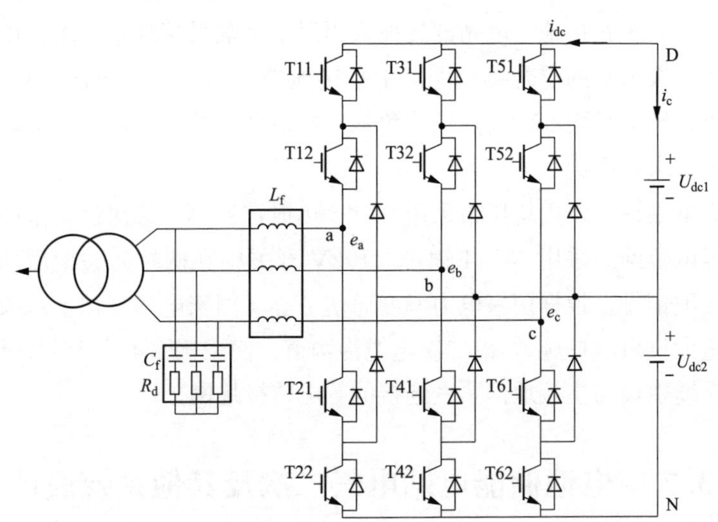

图 3-20　采用 3 电平拓扑结构的储能变流器结构示意图

不同于传统同步发电机，系统故障过程中，储能变流器输出的电流取决于其控制策略和保护方式。目前暂无有关标准与规范对储能变流器故障穿越过程中的输出电流进行明确规定，这使得各个厂家对其暂态行为的控制存在差异，无法得到统一的短路电流计算模型。但由于受到电力半导体开关元器件的物理约束，储能变流器的最大输出电流一般不会超过其额定电流的 1.2 倍，故在电网发生短路时，储能变流器可提供的短路电流相对较小。为确保储能电站设备参数选型满足需求，在实际工程设计中，设计人员可考虑储能变流器输出短路电流为其额定电流的 1.1 倍。

3.6.4　一次设备绝缘配合

（1）绝缘配合原则。根据可能出现的过压和过压保护特性，以确定设备的绝缘水平和过压保护裕度。在进行绝缘配合时，需综合考虑设备造价、维修费用以及故障损失三个方面，力求取得较好的经济效益。

（2）工频接地。电站的接地采用以水平敷设接地带为主，以垂直接地极为辅的混合接地网。水平接地带采用 60×6 热镀锌扁钢，垂直接地极采用 50×5 热镀锌角钢，接地体的截面选择综合考虑热稳定要求和腐蚀。

电站综合楼内均压带采用 60×6 热镀锌扁钢，二次设备室内敷设等电位网，采用 25×4 铜排。10kV 开关柜在两端开关柜后部引出接地铜排。根据国家电力调度通信中心《国家电网公司十八项电网重大反事故措施》，沿二次电缆沟沟道，使用截面不小于 100mm^2 的铜缆敷设与主接地网紧密连接的等电位接地网。

3.7　电池储能电站电气二次及其他系统设计

除了前几节介绍的系统之外，电化学储能电站还包括继电保护系统、站用一体化交直流电源系统、视频安全监控系统等，这些系统负责对一次设备的工作进行监测、控制、调节、保护，并为运行、维护人员提供运行工况或生产指挥信号，是储能电站的重要组成部分。电化学电池储能电站电气二次及其他系统的设计关系到电站的安全稳定运行。本节具体针对电池储能电站电气二次及其他系统的设计原则进行简要论述。

3.7.1 继电保护及安全自动装置

（1）继电保护及安全自动装置的设计应遵循相关国家标准、电力行业标准、能源行业标准和国网公司企业标准等。

（2）继电保护及安全自动装置配置应满足可靠性、选择性、灵敏性、速动性的要求，继电保护装置采用成熟可靠的微机保护装置。

（3）继电保护及安全自动装置设计应满足电力网络结构、电站电气主接线的要求，并应满足电力系统和电站的各种运行方式要求。

（4）继电保护及自动装置应具有时钟同步功能，应满足与电站时钟同步接口的要求。

1. 功能要求

（1）保护装置在其被保护设备发生故障时都能起到保护作用，其中包括并网充电、并网放电、离网放电过程中所发生的各种故障。

（2）保护装置在下列情况下不应误动：

1）电压互感器二次回路断线。

2）电流互感器二次回路断线。

3）电力系统振荡。

4）保护装置元件故障。

5）大气过压、系统谐波和电磁波干扰。

（3）保护装置应在其面板上提供一组按键和一个 LCD 显示器，用于人机对话，实现保护定值的整定、被测参数实时显示等。保护装置的功能软件和整定值修改均必须设置密码以确保安全，所有的保护整定值应存储在非易失存储器中。保护装置的整定值、动作时间应能通过数字式保护校验仪进行监视。

（4）除了 LCD 显示器外，在保护装置面板上，应设有屏内各保护功能的动作信号和装置故障信号（采用 LED 显示）指示，该信号只有在动作条件复位后，经过一个安装在保护柜面板上的复归按钮复归。

（5）各保护装置的每组动作应有相应的无源触点输出，应满足外引跳闸、录波、计算机监控系统需要，并应有备用触点（至少两对）。

（6）保护装置应设有足够数量的试验部件，各保护装置应能在运行中，利用试验部件安全地对每个出口回路进行投、切操作。对单个出口回路操作时，应不影响其他出口回路。投切操作应可在柜前面板上进行。切除时，应形成明显的断开点。各保护系统的跳闸逻辑电路，要便于外部保护跳闸信号的引入。保护装置应有足够数量的输入输出通道，以保证参与保护闭锁的信号采用独立的硬布线接入，闭锁回路应能按外部指令，自动闭锁在各种运行工况下可能误动的保护功能。

（7）保护系统的硬件和软件应具有完善的自动检测功能、长期监视功能、容错功能和动作记录存储功能，以提高保护系统的可靠性。保护装置在单元件损坏时不误动，即启动元件和测量元件分开，互相闭锁。当某一组保护的部分硬件或软件故障时，应闭锁该部分保护出口，并发出告警信号、指示故障部位，并不影响该组保护其他部分和另一组保护系统的正常工作。

（8）在保护整定值不超过电流互感器准确限值时微机保护装置的采样频率应保证在电流互感器过饱和情况下保护动作要求，并留有足够裕度。

（9）保护装置应具有事件记录和故障录波功能，以记录故障的发生过程，为分析保护动作行为提供详细、全面的数据信息。保护装置应能输出装置的故障记录，包括时间、动作事件报告、动作采样值数据报告、定值修改、定值区切换等，记录应保证充足的容量。装置掉电后，相应的记录不应丢失。

（10）保护装置应具有与电站同步时钟系统直流 B 码对时，实现时钟同步，以保证事件记录时间的一致性，同步误差应不大于 1ms。

2. 配置和设备选型

以某电化学储能电站按 10kV 电压等级接入电网为例进行配置说明：

（1）电站直流侧可不配置单独的保护装置，直流侧的保护可由功率变换系统和电池管理系统完成。

（2）10kV 出线保护采用保护测控一体化装置，装置布置在对应的 10kV 开关柜上。主保护采用光纤差动保护，光纤保护通道采用专用光纤通道，本侧光纤差动保护装置需与接入电网侧的装置型号及软件版本保持一致，主保护瞬时动作于线路的各侧断路器。后备保护采用方向过流保护、三段式过流保护、零序过压保护、零序过流保护、低压低频保护，宜具备 3 路以上接受外部联跳能力等构成，后备保护延时动作于线路的各侧断路器。

（3）站用变压器保护采用保护测控一体化装置，装置布置在对应的 10kV 开关柜上。站用变压器保护由电流速断保护、过流保护、零序保护及其本体保护组成，保护站用变压器的内部短路和接地故障。

（4）防孤岛保护。在非计划孤岛情况下，瞬时动作于断路器，使储能系统在2s内与配电网断开。具备逆功率保护、过压保护、低压保护、过频保护、低频保护和外部联跳保护等。注意，防孤岛保护的定值整定应与有关电池储能电站并网技术规范相适应，防止出现影响其并网技术指标的问题。

（5）安全自动装置。配置频率电压紧急控制装置，根据频率、电压事故情况实现过频过压切机、压出力、解列等措施保证系统的安全，解列点设置在储能站升压变压器高压侧。

（6）故障录波装置。为便于分析电力系统事故及继电保护装置的动作情况，储能电站内应配置故障录波装置分别记录进出线路电流、电压、保护装置动作、断路器位置及保护通道的运行情况等。

3. 主要参数和技术要求

（1）保护装置参数。

1）交流电流：1A。

2）交流电压：100、$100/\sqrt{3}$、100V/3。

3）频率：50Hz。

4）直流电源电压：220V。

5）交流电流回路功耗：每相不大于0.5VA。

6）交流电压回路功耗：每相不大于0.5VA。

（2）保护装置过载能力。保护装置的电流回路，其1s热稳定值应不小于40倍额定电流，在2倍额定电流时应允许长期连续工作，在10倍额定电流时应允许工作10s。保护装置的电压回路应能长期承受1.4倍的额定电压，在2倍额定电压时应允许工作10s。

（3）保护装置绝缘性能。

1）保护装置的绝缘电阻试验应不低于GB/T 14598.26《量度继电器和保护装置　第26部分：电磁兼容要求》的要求。

2）保护装置的绝缘电压试验应不低于GB/T 14598.27《量度

继电器和保护装置　第27部分：产品安全要求》的要求。

3）保护装置的过电压试验和冲击电压试验应不低于GB/T 14598.3《电气继电器　第5部分：量度继电器和保护装置的绝缘配合要求和试验》的有关要求。

（4）保护装置机械性能。

1）振动性能应不低于GB/T 11287《电气继电器　第21部分：量度继电器和保护装置的振动、冲击、碰撞和地震试验　第1篇：振动试验（正弦）》的要求。

2）抗冲击和抗碰触性能应不低于GB/T 14537《量度继电器和保护装置的冲击与碰撞试验》的要求。

（5）保护装置抗干扰要求。

1）电子电路应通过输入变压器和DC/DC变换器与交流输入回路和电站直流电源隔离。输入变压器一次侧和二次侧之间应设有直接接地的屏蔽层。微机保护装置应具有独立的DC/DC变换器供内部电子电路使用的电源。装置直流电源消失时，不应误动作，并应有输出触点以启动告警信号，直流电源恢复（包括缓慢恢复）时，变换器应能自启动。分、合直流电源，插拔熔丝发生重复击穿火花以及直流电压缓慢上升或下降时保护不应误动作。

2）保护装置的所有外接输入、输出回路不允许与装置内部弱电回路有电气联系，针对不同回路，分别采用光电耦合、继电器转换、带屏蔽层的变压器耦合或电磁耦合等隔离措施。强、弱电路的配线及端子要分开。跳闸及紧急停机触点的端子间都应隔开一个空端子。

3）保护装置应不受外部电磁场的影响，并满足通用技术规范一般要求中的相应条款。保护装置的高频抗干扰试验要求应不低于GB/T 14598.9—2010《量度继电器和保护装置　第22-3部分：电气骚扰试验辐射电磁场抗扰度》和GB/T 17626《电磁兼容　试验和测量技术》系列标准的相关条款要求。

(6) 保护装置继电器的触点应满足 IEC 60255-0-20 的要求。保护出口继电器应选用多触点、快速动作继电器，其动作延时应不大于 8ms，动作电压应不小于 45%额定电压、不大于 70%额定电压，返回电压不小于 5%额定电压，触点容量应能够满足：

额定连续电流：≥5A/DC220V。

开断容量：直流 220V，50W 电感性负载（L/R=40ms）。

(7) 保护系统中的辅助继电器应采用带电动作方式。

(8) 保护装置的硬件和软件产品，在设计、制造和性能上应考虑适合工业环境使用。保护装置的硬件应是易于维护、便于更换的产品。微处理器应采用权威部门认可在工业环境中使用的高可靠性、低功耗、抗干扰性能强的 32 位及以上的采用 DSP 技术的数字处理器。其平均无故障时间应大于 150000h。其运算速度、存储容量应与技术规范中所规定的保护系统任务和要求相适应，最大负载运行时，CPU 负载率不大于 50%。且采用该品牌中最高系列的产品。

(9) 保护装置应具有与电站同步时钟系统的硬件时钟接口，实现时钟同步，以保证事件记录时间的一致性，同步误差应不大于 1ms。

(10) 保护装置的平均无故障时间应大于 50000h。

(11) 保护装置应能全面支持 IEC 61850 规约。

(12) 保护装置应具有完善的故障录波和事件记录功能，以记录故障的发生过程，为分析保护动作行为提供详细、全面的数据信息。可记录 64 次故障录波（包括保护动作时序和故障波形）、64 次保护动作报告、1024 次自检结果及 1024 次开关量变位等。

(13) 保护装置对整定值、故障录波和事件记录内容应具有掉电记忆功能。

（14）10kV 线路测控保护。

1）10kV 线路保护测控装置采集 10kV 断路器位置、隔离开关位置，以及 10kV 侧三相电压、三相电流（正反向）、有功功率（正反向）、无功功率等信号，具备有两个及以上数据通信接口，能适应智能化变电站及常规变电站不同的通信协议。

2）保护出口回路和启动回路均应经连接片才连至端子排上，以方便运行人员投退保护之用，保护出口连接片应装在保护屏正面，以方便运行人员操作。保护与测控出口连接片应各自独立。

3）每台保护装置的电源应各自独立，设各自独立的电源进线开关。

4）应能从屏（柜）的正面方便而又可靠地改变继电保护的定值。应具备存储 2 套以上的保护定值。

5）应具备如下测控功能：采集并发送状态量，状态量变位优先传送；采集并发送交流模拟量，支持被测量越限上送；接收、返校并执行遥控命令；接收执行复归命令；事件记录；功能参数的当地设置；采集并发送数字量；接收并执行遥调命令；具备防误操作闭锁功能。

（15）防孤岛保护。

1）防孤岛保护装置应能精确检测线路电压、频率，通过主动和被动两种保护方式实现解列并网点开关的能力。主动式保护是指接收到并网开关跳闸（变电站带负荷线路）或者接入站上级系统并网开关跳闸（储能电站直接并网）的信号后联跳储能电站并网开关；被动式保护是指当检测到电网侧电压相位跳动、频率变化等状态时解列开关的能力，当并网点电网频率发生突变时，装置应能实现正确的保护动作。

2）防孤岛保护装置应具备站内主动式联跳（开关量开入）及接收接入站脱网后联跳（光纤联跳）的能力。

3）一般按线路配置装置，如有特殊情况，需要按断面或其他原则配置装置，应在招标专用技术规范中规定。

4）具有 TV 断线闭锁功能，具备低电压穿越及频率变化率闭锁防孤岛保护的功能。

5）装置的定值宜采用一次值。装置中需要用户整定的定值应尽量简化，宜多设置自动的辅助定值和内部固定定值；需要运行人员进行功能投/退，可以在装置中设置相应的连接片，远方修改定值功能的投/退必须经硬连接片控制。

6）装置打印的定值清单应与装置显示屏显示的实际内容一致。实际执行的定值应与显示屏显示、装置打印的内容一致。

7）装置在正常运行时应能显示母线电压测量值，相关的数值显示为一次值。

8）TA、TV 断线，直流电源消失，装置故障等应有防止装置误动作的措施，并发出报警信号，以便运行人员及时检查，排除故障。装置在异常消失后自动恢复，解除闭锁。

（16）频率电压紧急控制装置用于分列母线的频率电压紧急控制。该装置同时测量同一系统的两段母线电压，并设有母线分列运行投入连接片，可根据系统需要设置两段母线是分列运行或并列运行。

（17）故障录波。

1）故障录波装置应能记录和保存从故障前 150ms 到故障消失时的电气量波形，最长可录波时间 10s。

2）故障录波装置应至少能清楚记录 5 次谐波的波形。

3）故障录波装置模拟量采样频率在高速故障记录期间不低于 4800Hz。

4）故障录波装置电流、电压波形采样精度为 0.5％。

5）故障录波装置交流电流工频有效值线性测量范围为（0.1～

20)I_N；交流电压工频有效值线性测量范围为（0.1～2)U_N。

6）直流电压采用精度不大于 1%。

7）动作值精度：事件量记录元件的分辨率应小于 1.0ms。

8）硬件配置参数 A/D 转换精度：不低于 16 位。

9）装置与外部时钟对时误差小于 1ms。

10）采用高性能 32 位微处理器＋双 DSP 的硬件结构，多个处理器并行工作。

11）通信接口：配有四个独立的以太网接口和两个独立的 RS485 通信接口。支持 DL/T 667—1999（IEC 60870-5-103）《远动设备及系统　第 5 部分：传输规约　第 103 篇：继电保护设备信息接口配套标准》和变电站通信标准 IEC 61850。

12）触发录波可记录大于 1024 次故障录波，连续录波大于 7 天。

13）应具备功能完善的波形分析软件，软件可有效支持波形缩放、阻抗分析、谐波分析、序分量分析、公式编辑、故障测距和波形打印等功能，支持 Windows 操作系统。

3.7.2　一体化交直流电源系统

（1）电站设一体化交直流电源系统，对操作直流系统、通信直流系统和站内不停电电源及交流电源系统进行优化整合，统一为控制、保护、通信、远动等二次系统设备和站用交流负荷提供安全可靠、性能优良的工作电源。

（2）一体化电源系统应配备：ATS 装置、高频开关电源模块、雷击浪涌保护器、仪表及电流电压采集装置、微机监控装置、绝缘监测装置、蓄电池及蓄电池管理单元、UPS 电源模块和通信电源模块等。

（3）直流电源系统采用 220V 电压。

（4）大容量电化学电池储能电站采用 2 组蓄电池，两段直流母线供电，采用直流母线间设联络开关的接线模式。UPS 的直流输入取自该直流系统，不再单独设蓄电池。

（5）系统供电采用放射状结构，严禁环路。

（6）蓄电池宜采用阀控式密封铅酸蓄电池。

（7）站用交流事故停电时间按小于 2h 计算。

1. 功能要求

（1）满足电站交直流负荷的供电需求，包括 AC380V/220V 交流电源、UPS 电源、直流电源和通信用直流电源。

（2）具有稳压、稳流及限压、限流特性和软启动特性，可避免对蓄电池造成冲击。

（3）具有自动和手动浮充电、均衡充电及自动转换功能。

（4）应具有短路保护功能，短路排除后自动恢复输出。

（5）应具有以下保护报警功能：过温保护、过压保护、过流保护、欠压报警、过压报警、交流欠压、交流过压和缺相报警等。

（6）应具有监控功能，且不依赖微机监控装置独立工作，应具备人机对话功能。应支持与微机监控装置通信，接收并执行监控装置的指令。

（7）交流输入端设有防过压设备。

（8）均流：在多个模块并联工作状态下运行时，各模块承受的电流应能做到自动均分负载实现均流。

2. 配置和设备选型

（1）交流电源部分。交流电源采用 AC380V/220V 三相四线制电源，输入两回 AC380V 电源，经 ATS 切换，单母线运行。

（2）直流电源部分。直流电源系统向全站微机监控、保护、断路器跳合闸等重要负荷提供电源供应。设置 2 组阀控式密封铅酸蓄电池，容量 200Ah，12V/只，17 只/组，采用组屏安装，蓄电池组总电压为 220V。蓄电池容量选择按经常负荷和事故负荷的 100%考虑，事故停电时长按照 2h 进行计算。配置 2 套高频开关电源直流系统，充电模块按 $N+1$ 备份方式配置，蓄电池组共配置 2 套蓄电池巡检仪，2 套专用的放电装置。220V 直流系统采用单母线分段的接线方式，采用直流系统屏一级供电方式。测控、保护、故障录波、自动装置等电气二次设备采用辐射式供电方式。

（3）UPS 电源部分。本站设 UPS 电源 2 套容量 5kVA 逆变电源，为变电站自动化系统计算机及交换机设备、图像及安全警卫系统主机、火灾报警系统主机、调度数据网及二次安全防护设备等不能中断供电电源的重要生产设备供电，事故供电时间应能维持 2h。

逆变电源为单相输出，输出的配电屏（柜）馈线应采用辐射状供电方式。

（4）通信电源部分。通信电源采用 2 套独立的 DC/DC 转换装置，DC/DC 转换装置输入电压为 DC220V，输出标称电压为−48V。

（5）一体化电源监控部分。一体化电源监控装置内部通过总线与各子电源监控单元实现通信，对外通过 DL/T 860 标准模型数据接入变电站自动化系统，实现一体化电源系统的数据采集和管理。

3. 主要参数和技术要求

（1）高频开关电源模块。

1）交流输入额定电压：三相 380V。

2）交流输入额定频率：50Hz。

3）直流额定输出电压：220V。

4）额定输出电流：40A/20A。

5）功率因数：≥0.90。

6）稳流精度：≤±1%。

7）稳压精度：≤±0.5%。

8）纹波系数：≤0.5%（采用峰-峰值计算）。

9）效率：≥90%。

10）软启动时间：2～10s。

11）高频模块并联工作时输出电流不均衡度：<±5%。

12）应具有监控功能，且不依赖监控单元独立工作，应具备人机对话功能。应支持与监控单元通信、接收并执行监控装置的指令。

13）应具有短路保护功能，短路排除后自动恢复输出。

14）应具有以下保护报警功能：过温保护、过压保护、过流保护、欠压报警、过压报警、交流欠压、交流过压、缺相报警等。

15）整流模块支持带电热插拔。

16）冷却方式为自冷或智能风冷。

（2）蓄电池。

1）环境温度在－10～45℃条件下，蓄电池性能指标应满足正常使用要求。

2）蓄电池在环境温度20～25℃条件下，浮充运行寿命应不低于15年。

3）蓄电池组按规定的试验方法，10h率容量应在第一次充放电循环时不低于0.95C_{10}，五次循环应达到1C_{10}。2V蓄电池放电终止电压为1.85V，12V蓄电池终止电压为11.10V。0℃时蓄电池有效可用容量应不低于85%额定10h放电率容量。

4）蓄电池间接线板、终端接头应选择导电性能优良的材料，并具有防腐蚀措施。蓄电池槽、盖、安全阀、极柱封口剂等材料应具有阻燃性。

5）蓄电池必须采用全密封防泄漏结构，外壳无异常变形、裂纹及污迹，上盖及端子无损伤，正常工作时无酸雾溢出。

6）蓄电池极性正确，正负极性及端子应有明显标志。极板厚度应与使用寿命相适应。

7）同一组蓄电池中任意两个电池的开路电压差，对于2V单体电池不应超过30mV。

8）蓄电池使用期间安全阀应能自动开启闭合，闭阀压力应在1～10kPa 范围内，开阀压力应在 10～49kPa 范围内。

9）两个蓄电池之间连接条的压降，$3I_{10}$时不超过 8mV。

10）电池组间互连接线应绝缘，终端电池应提供外接铜芯电缆至直流柜的接线板。

11）蓄电池以 $30I_{10}$的电流放电 1min，极柱不应熔断，其外观不得出现异常。

12）蓄电池封置 90 天后，其荷电保持能力不低于 85%。

13）蓄电池的密封反应效率不低于 95%。

14）蓄电池需具有较强的耐过充能力。以 $0.3I_{10}$电流连续充电16h 后，外观应无明显变形及渗液。蓄电池自放电率每月不大于 4%。

15）蓄电池在－30℃和 65℃时封口剂应无裂纹和溢流。

16）蓄电池组应考虑装设蓄电池管理单元的位置。

17）每节蓄电池应有编号。

（3）UPS。

1）交流输入电压：单相 220V 或三相 380V。

2）交流输入频率：50Hz。

3）直流输入（220V 直流电源系统）：198～286V。

4）稳压精度：稳态，不大于±3%；动态，动态过程中负荷以0～100%变化，其偏差值小于±5%，恢复时间小于 20ms。

5）输出电压调节范围：±3%。

6）保护功能：应有过压、过流保护及电源故障信号，电源输入回路应有隔离变压器和抑制噪声的滤波器，电源输出回路应配有隔离变压器。

7）波形失真：≤4%。

8）过负荷能力：125%负荷连续运行 5min。

9）噪声：≤50dB。

10）总谐波含量：≤3%。

11）负载功率因数范围：0.9（超前），−0.7（滞后）。

12）信号及指示：UPS的面板上应装设用于指示电源系统工况、内部功能、保护功能状态的信号指示灯、各所需仪表及内部故障的报警信号指示，并输出空触点；提供现场总线通信触口。

13）馈线：每个馈线回路应设自动空气开关，配置短路及过载保护。

（4）通信电源。

1）额定输入电压：DC220V。

2）额定输出电压：48V。

3）效率：≥85%。

4）稳压精度：≤±0.5%。

5）动态电压瞬变范围：<±5%。

6）瞬变响应恢复时间：≤200μs。

7）温度系数：≤0.02%/℃。

8）浪涌电流：<150%。

9）纹波电压峰-峰值：≤200mV。

10）设备的平均无故障时间（MTBF）：≥30000h。

11）应具有监控功能，正常工作时，应与监控模块通信，接收和执行监控模块的指令。

12）应具有短路保护功能，短路排除后自动恢复输出。

13）应采用PWM调制制式，模块工作频率20～300kHz。

14）应具有过温保护、过压保护、过流保护、欠压报警、过压报警等保护报警功能。

15）48V应采用正极接地、负极加防雷模块方式，防雷等级不低于D级。

16）48V模块应支持带电热插拔，不影响通信电源工作。

17）母线输入电压－48V，正极接地。

18）输入及支路输出采用高分断直流断路器，具备过载、短路保护功能。

19）应具备保护接地线端子和直流电源工作接地线端子。

20）应具备任意一路直流空气断路器断开的声光告警装置。

21）应将告警信号接入监控模块。

22）应具备直流输入过压、欠压、熔断器熔断声光告警。

（5）监控单元。

1）监控单元是一体化电源系统的监控、测量、信号和管理系统的核心部分。该单元能综合分析各种数据和信息，对整个系统实施控制和管理。

2）该单元应能适应直流电源系统各种运行方式，具备液晶汉显人机对话界面，应能与成套装置中各子系统通信，并可与电站计算机监控系统通信，通信接口为 RS485、RS232 或以太网。

3）该单元应能显示充电装置输出电压、充电装置输出电流、母线电压、电池电压、电池电流、两路三相交流输入电压、各模块输出电压电流、各种报警信号、各种历史故障信息、单体电池电压和电池组温度等信息。

4）该单元应能对以下故障进行报警：交流输入过压、欠压、缺相，直流母线过压、欠压，电池欠压，模块故障，电池单体过压、欠压等。该单元应有自身故障硬触点输出。

5）当系统在断电之后重新启动时，应按电池的放电容量或放电时间确定进行均充或浮充，均充结束后自动转入浮充状态，充电过程自动控制。

（6）蓄电池管理单元。

1）蓄电池管理单元应具备的主要功能：监测蓄电池单体电压，对蓄电池充、放电进行动态监测，并应具备对蓄电池组温度进行实时测量功能。

2）本单元可独立设置，也可分别由监控单元和检测模块来完成。

3）蓄电池采样线需经过带熔丝端子连接到蓄电池管理单元。

4）蓄电池电压采样精度应能精确到 3 位小数。

（7）220V 直流系统绝缘监测装置。

1）绝缘监测装置应具备的主要功能：在线监测直流电源系统对地绝缘状况（包括直流母线和各个馈线回路绝缘状况），并自动检出故障回路，能够实现对交流窜入直流系统的监测，且能定位交流窜入的支路。能监测母线正对地、母线负对地电压，能检测出每个支路的正对地电阻和负对地电阻。

2）绝缘检测装置不宜对直流电源系统注入交流信号。

3）绝缘检测装置应与成套装置中的总监控单元通信。

4）监测交流侵入电压，测量范围：0～300V；测量误差：0.5%；分辨率：0.1V。

5）监测直流电压，测量范围：0～300V；测量误差：0.3%；分辨率：0.1V。

6）监测正负母线对地电压，测量范围：0～300V；测量误差：0.3%；分辨率：0.1V。

7）测量正负母线对地电阻，测量范围：0～200kΩ（5%），分辨率：0.1kΩ。

8）测量支路正负极对地电阻，测量范围：0～100kΩ（10%），分辨率：0.1kΩ。

9）故障波形记录，当发生交流窜入直流系统故障时，能够进行故障波形记录，录波响应时间小于 40ms。

10）蓄电池绝缘降低故障检测与告警。

11）直流互窜监测及选线功能。

12）具有北斗、GPS 对时功能。

(8) 仪表。直流电源系统应配置数字式母线电压、蓄电池电压、充电装置电流、蓄电池电流等表计，电压表精度 0.2 级，电流表精度 0.5 级。

3.7.3 视频安全监控系统

(1) 视频安全监控系统的配置应根据电站规模、重要等级以及安全管理要求确定。

(2) 视频安全监控系统应实现对功率变换系统、电池、一次设备、二次设备、站内环境等进行监视。

(3) 系统设备采用技术先进、成熟的工业级产品，保证在电站环境条件下可靠运行。

(4) 系统的软硬件应采用高可靠性设计，可以长期在线稳定运行。系统所选用的计算机以及摄像机都必须是国内外专业厂家生产，并经过长期实践考验的领先产品。

(5) 系统应操作简单，数据格式和编程接口对用户开放，便于进行二次开发。编程方式采用图形化方式，维护工程师不需要系统地学习编程语言以及数字信号处理和数学理论就可随时对系统进行扩充升级。并可以随时随地的进行参数设定和参数修改。

(6) 系统功能设计应充分考虑现场的实用性，维护工程师通过简单的操作，就能获得有关设备状态、系统性能的技术数据和报告。能够完成处理各种测试、分析任务和诊断任务。

(7) 系统应采取可靠的抗干扰措施，防止大气过压、电磁波、无线电和静电等干扰侵入系统内部，造成系统设备的损坏和误动作。

(8) 系统应采取可靠的抗震措施，防止由于外界的震动等干扰影响系统正常工作，造成系统设备的损坏和误动作。

(9) 系统结构按高可靠性、安全性以及维护方便、扩展灵活和抗干扰性强等原则设计。

（10）系统监测应与分析系统相互独立，又相互补充。分析系统进行分析、检修或现场试验时不能影响监测系统的数据采集和功能。同样当监测系统某区域故障或检修时，不能影响分析系统的功能，并能手动屏蔽或退出局部区域内摄像机的功能。

（11）系统应保证控制信息中的一个错误不会导致系统出现破坏性的故障。系统应对每个功能操作提供安全检查和校核，当发生误操作时，系统应能自动禁止误操作输出并报警提示。

1. 功能要求

（1）能实时采集各监视点的图像，并转换成数字信号进行图像处理。

（2）能对图像信息进行压缩、整理、加工等处理，使图像更清晰，失真度更小。

（3）可实时显示多个视频图像窗口，每个视频图像窗口的大小、层次和位置可通过主机或控制键盘任意调整设定。可以实现图像的分组切换、巡检、预案显示。在监视器上能实现显示画面的分割、拼接、切换、平铺、层叠、放大、缩小、静止等。

（4）向操作人员提供现场实时图像，取得设备运行的全面信息，尤其是不能由计算机监控系统提供的信息，如设备的实际运行状况、烟、光等。对历史图像进行完整的保存与回放，满足运行监控、管理对信息的要求，为设备故障或事故分析和处理提供准确、可靠的依据。

（5）建立图像数据库，可存储系统中图像供各种用途调用。

（6）摄像机镜头的光圈调节由镜头的光检测电路，根据被摄物体的照度自动控制光圈大小；能够防闪烁、自动调节焦距、自动背光补偿及自动白平衡。

（7）能根据预置的图像，自动成组切换、调用相应的图像画面在监视器或大屏幕上显示。

（8）当监控点发生报警时，如火警、非法闯入、手动报警等，应能自动推出关联的摄像机图像，同时启动数字录像机。主机发出语音报警提示。

（9）具有图像的自动循环切换和手动切换功能，可将任意摄像机的图像切换到系统中任意一个监视器，并使每个监控点的地址及说明均可叠加在相对应的图像画面上。自动循环切换间隔时间可灵活设置。

（10）可设置移动侦测区域，实现多区域移动侦测，当异常情况发生时，能自动跟踪监测物体，同时能自动报警、录像等。

（11）可以根据需要事先设置好所需监视点，并可自动扫描巡视。可以设置预置点。报警时，摄像机能自动转动到相应预置的目标点，并自动调节好相应的光圈、焦距、变焦等参数。

（12）系统应设置打印功能，打印的启动方式应具有定时启动、报警启动和手动启动等方式。

（13）使用网络方式对每路视频图像进行实时录像。

（14）系统设备应具有自诊断功能，当设备自身故障时报警。

（15）为便于查询回放，具备外部时钟同步功能。

2. 配置和设备选型

视频安全监控系统由前端设备、传输设备、电源设备、图像显示设备和中心控制设备等几部分组成。

（1）前端设备：主要包括摄像机及镜头（手动变焦）、云台、摄像机防护罩、解码器等。

（2）传输设备：主要包括网络接口设备、同轴电缆、控制线缆及电源线缆等。

（3）电源设备：主要包括交流隔离稳压电源、配电装置（设在机柜内）、就地电源箱等。

（4）图像显示设备：主要包括显示屏、录像设备（包括硬盘录像机）等。

（5）中心控制设备：主要包括视频服务器、控制调试用数字主机、操作切换设备、机柜等。

3. 主要参数和技术要求

（1）主要参数。

1）信号制式：PAL。

2）每帧行数：625。

3）显示部分的扫描制式：逐行扫描。

4）分辨率：1920×1080。

5）帧率：≥25 帧/s。

6）时延：≤1s。

7）图像质量：稳定、无闪烁、无马赛克现象。

8）灰度等级：≥254 级。

9）失真度：

几何失真：<3%；

非线性失真：<10%。

10）图像压缩标准：H. 265。

11）音频压缩标准：G. 711/G. 723. 1/G. 729。

12）信噪比：≥55dB。

13）控制响应时间：≤1s。

14）图像切换响应时间：≤1s。

15）系统平均无故障时间（MTBF）：≥20000h。

16）系统平均维护时间（MTRR）：≤0. 5h。

17）系统可利用率：≥99. 5%。

（2）主要技术要求。

1）交换机应为工业级三层以太网交换机，采用模块化结构，应装有 2 个以上的备用插槽。交换机背板交换速率和包转发率需满足所连接设备信息交换的要求。

2）交换机应支持基于 IEEE 802.1x，10BaseT、100BaseTX、1000BaseTX 端口上的 IEEE 802.3x 全双工操作，IEEE 802.1D 生成树协议，IEEE 802.1p CoS，IEEE 802.1Q VLAN，IEEE 802.3ab，IEEE 802.3u 1000BaseTx 规范，IEEE 802.3u 100BaseTx 规范，IEEE 802.3 10BaseTx 规范。

3）支持 SNMP V3，可以暂时关闭不用端口，支持端口与所连接设备的 MAC 地址绑定等网络安全功能。

4）支持 SNMP V3 网络管理功能，提供网络交换机自动搜索管理软件，便于系统管理权限的划分，能在未设定 IP 地址或 IP 地址重复的情况下也能自动发现连接在网络上的工业以太网交换机。系统配备一套网络管理软件实现统一的基于 SNMP 的网络管理。

5）为了实现网络设备的时间同步，交换机应支持 RFC1769 SNTP 简单网络时间协议。

6）交换机应采用无风扇结构，允许运行温度范围为－10～60℃，运行湿度 10％～95％（无凝露），电磁兼容性指标应满足工业要求。

7）所有交换机 EMI 抗电磁干扰性能在 4 级以上；支持无故障通信，具有 ZPL 零丢包技术。

8）交换机吞吐量是指交换机所有端口同时转发数据速率能力的总和，交换机吞吐量应等于端口速率×端口数量（流控关闭时）。

9）一体化网络摄像机镜头的光圈调节由镜头的光检测电路，根据被摄物体的照度自动控制光圈大小；能够防闪烁、可调节焦距、红外校正功能、自动背光补偿及自动白平衡。

10）一体化网络摄像机设计选型过程中应优先考虑选用低照度、高灵敏度、能够抗潮湿、抗电磁干扰和抗高电压等恶劣环境的成熟产品。应具有先进的数字信号处理、连续自动聚焦及位置预置功能，同时能配置辅助照明（包括自然光和红外照明）。

11）一体化网络摄像机应具有网络接口，内置 Web 服务器。

12）可通过网络对 IP 摄像机的 IP 地址、子网掩码、网关等进行设置，也能对视频编码进行设置，如预设编码参量、数据传输率、画质等。

13）有爆炸危险性的场所应采用防爆型高清网络摄像机。

第 4 章 电池储能电站接入电网要求

为规范电化学电池储能电站并网特性，我国已出台有关标准与规范，如 GB/T 36547—2018《电化学储能系统接入电网技术规定》与 GB/T 36548—2018《电化学储能系统接入电网测试规范》、NB/T 33015—2014《电化学储能系统接入配电网技术规定》与 NB/T 33016—2014《电化学储能系统接入配电网测试规程》。这些标准、规范对电池储能电站并网的电能质量、功率控制、电网适应性等技术内容做出了详细规定，为电站接入系统后的安全稳定运行提供了技术保障。

电化学电池储能系统通过基于全控型功率半导体器件的储能变流器实现并网运行，电池储能电站并网规范中有关技术指标主要依赖于储能变流器的软件控制算法实现。目前，主流厂商的储能变流器一般采用三相电压型两电平或三电平 PWM 整流器，连接于电化学储能电池与交流电网之间，用于实现交流至直流的电能变换，其主要优点是：①动态特性随控制算法的调整而灵活可控；②功率可双向流动；③输出电流正弦且谐波含量少；④功率因数可在－1～1之间灵活调整。本章针对电化学电池储能电站接入电网要求的讨论主要围绕储能变流器及其控制算法开展。

4.1 电池储能电站并网标准

随着电化学电池储能电站建设容量、规模的不断扩大，其在电网中将以电源与负荷两重身份影响系统的安全稳定运行。因此，电化学电池储能电站的并网特性需得到有效规范。目前我国国家标准、行业标准、企业标准皆已覆盖电化学电池储能电站的并网技术要求，有利于促进电池储能电站在电力系统中的推广应用。其中GB/T 36547—2018《电化学储能系统接入电网技术规定》由国家市场监督管理总局与中国国家标准化管理委员会于 2018 年 7 月发布，并与 2019 年 2 月实施，完善了我国现有电化学电池储能技术标准体系。该标准规定了电化学储能系统接入电网的电能质量、功率控制、电网适应性、保护与安全自动装置、通信与自动化、电能计量、接地与安全标识和接入电网测试等技术要求，适用于额定功率 100kW 及以上且储能时间不低于 15min 的电化学电池储能系统。该标准是储能变流器设计的重要参考。本节主要围绕这一标准探讨电化学电池储能电站并网所需满足的基本技术条件。

（1）基本规定。GB/T 36547—2018 规定了电化学储能接入电网的电压等级、中性点接地方式、短路容量校核、保护配置、绝缘耐压、并网点设置、调频和调峰、启动和停机时间等内容的基本原则。其中电化学储能系统接入电网的电压等级依据其额定功率进行了划分，推荐等级如表 4-1 所示。

表 4-1　　电化学储能系统接入电网电压推荐等级

电化学储能系统额定功率	接入电压等级	接入方式
8 及以下	220V/380V	单相或三相
8～1000kW	380V	三相
500～5000kW	6～20kV	三相
5000～100000kW	35～110kV	三相
1000000kW 以上	220kV 及以上	三相

（2）电能质量。GB/T 36547—2018 在电能质量中谐波、电压偏差、电压波动和闪变、电压不平衡度、监测及治理要求等技术要

求中，主要是引用GB/T 14549、GB/T 24337、GB/T 12326、GB/T 15543、GB/T 19862 等标准的规定。对直流电流分量则要求公共连接点不应超过其交流额定值的 0.5%。

（3）功率控制。GB/T 36547—2018 对电化学储能应具备的功率控制模式进行了规范，就四象限功率控制调节范围进行了具体说明，对应功率调节范围示意图如图 4-1 所示。在储能电站有功功率控制技术要求上，明确规定充/放电响应时间不大于 2s，充/放电调节时间不大于 3s，充/放电状态转换时间不大于 2s。

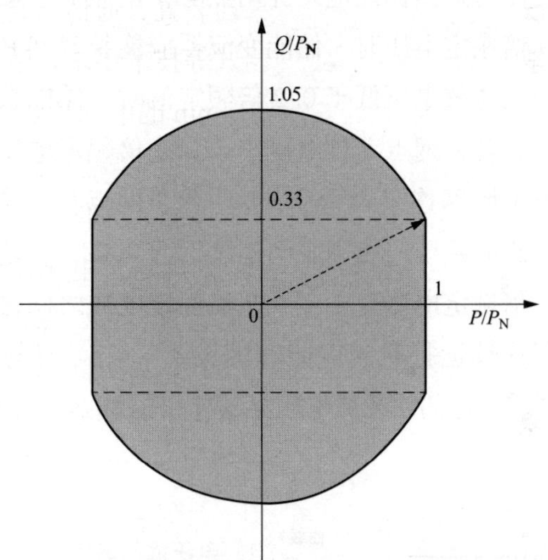

图 4-1　电化学储能系统四象限功率控制调节范围示意图

注：P_N 为电化学储能系统的额定功率，kW；P 和 Q 分别为电化学储能系统当前运行的有功功率和无功功率，kW。

（4）电网适应性。电化学电池储能电站的电网适应性主要包含两部分内容，即频率适应性与故障穿越。其中频率适应性规定了储能电站正常运行的频率范围与电网频率异常下的动作行为，具体内容见表 4-2。

表 4-2　接入公用电网的电化学储能系统的频率运行要求

频率范围	接入电压等级
f<49.5Hz	不应处于充电状态
49.5Hz≤f≤50.2Hz	连续运行
f>50.2Hz	不应处于放电状态

注　f 为电化学储能系统并网点的电网频率，Hz。

对储能电站的故障穿越要求主要是针对通过 10(6)kV 及以上电压等级接入公用电网的情况，要求储能变流器具备低电压穿越与高电压穿越的能力。当储能电站并网点考核电压低于额定电压，但大于等于 0.9 倍额定电压时，储能变流器应能长时间并网运行；当储能电站并网点考核电压低于 0.9 倍额定值时，储能系统即进入低电压穿越模式。若并网点考核电压小于 0.2 倍额定电压时，储能变流器应能保持不脱网连续运行 0.15s；若并网点考核电压等于 0.2 倍额定值时，储能系统应能不脱网连续运行 0.625s；若并网点考核电压大于 0.2 倍额定电压且小于 0.9 倍额定电压之间时，电池储能系统的不脱网连续运行时间应能够满足式（4-1）计算得到。电池储能电站并网需满足的系统低电压穿越要求的基本曲线具体如图 4-2 所示。

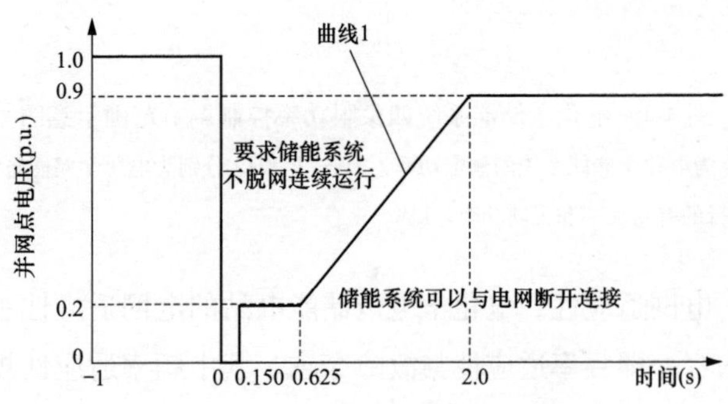

图 4-2　电化学储能系统低电压穿越要求

$$t = \frac{1.375}{0.7U_N}(U_t - 0.2U_N) + 0.625 \tag{4-1}$$

式中：t 为储能系统不脱网联系运行时间，s；U_N 为并网点额定电压有名值，V；U_t 为并网点电压有名值，V。

上述低电压穿越的触发条件为考核电压水平，电网中各种故障类型下可选取的并网点考核电压如表 4-3 所示。

表 4-3　电化学储能系统低电压穿越考核电压

故障类型	考核电压
三相对称短路故障	并网点线/相电压
两相相间短路故障	并网点线电压
两相接地短路故障	并网点线/相电压
单相接地短路故障	并网点相电压

储能系统并网点考核电压超过额定值，但小于等于 1.1 倍额定电压时，储能变流器应能长时间保持并网运行；当储能电站并网点考核电压超过 1.1 倍额定电压时，储能变流器需进入高电压穿越模式。其中，若并网点考核电压小于等于 1.3 倍额定电压且大于 1.2 倍额定电压时，储能变流器应能不脱网连续运行 0.1s；若并网点考核电压大于 1.1 倍额定电压且小于等于 1.2 倍额定电压时，储能变流器应能不脱网连续运行 10s。电化学储能系统高电压穿越所对应的并网点考核电压和不脱网连续运行时间如图 4-3 所示曲线。

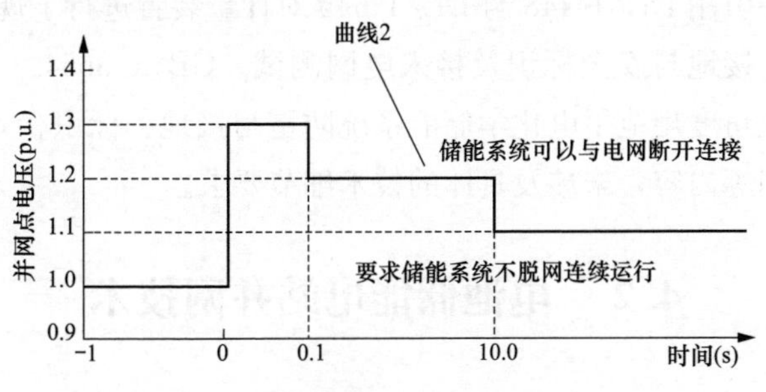

图 4-3　电化学储能系统高电压穿越要求

（5）保护与安全自动装置。GB/T 36547—2018 对电池储能电站内配置的保护与安全自动装置未做特殊要求，仅引用 GB/T 14285 与 DL/T 584 进行规范。

（6）通信与自动化。通信与自动化的有关规定直接关系到电池储能电站的响应特性。GB/T 36547—2018 对电化学储能电站的通信通道、通信设备接口与协议、通信信息等内容进行了规定。为了方便调度部门对电池储能电站的调度管理，对于接受电网调度的接入 10(6)kV 及以上电压等级公用电网的储能系统，该标准给出了其与调度结构通信的信息内容要求，具体为：

1）电气模拟量：并网点的频率、电压、注入电网电流、注入有功功率和无功功率、功率因数、电能质量数据等。

2）电能量及核电状态：可充/可放电量、充电电量、放电电量和荷电状态等。

3）状态量：并网点开断设备状态、充放电状态、故障信息、远动终端状态、通信状态和 AGC 状态等。

4）其他信息：并网调度协议要求的其他信息。

目前电网侧电池储能建设中，为了规范站内各设备的通信接口，国内电网公司一般要求各供应商采用标准的 IEC 61850 通信协议，储能电站与调度端则采用 104 规约进行通信。

（7）电能计量。GB/T 36547—2018 主要对电能计量点进行了明确，并引用 DL/T 448 与 DL/T 645 对计量装置进行了规范。

（8）接地与安全标识及接入电网测试。GB/T 36547—2018 主要从宏观角度规范了电化学储能系统防雷与接地、标识、入网前的测试原则等内容，未涉及具体的技术细节要求。

4.2 电池储能电站并网技术

电化学储能电站的并网主要依托三相电压源型并网变流器。目前，三相电压源型并网变换器较为主流的拓扑主要有两电平拓扑结构、中点箝位型三电平拓扑结构、模块化多电平拓扑结构等。其中两电平变换器在实际工业环境中得到了广泛的应用，其具体的拓扑结构如图 4-4 所示。本节后续的内容将基于这一典型拓扑展开。

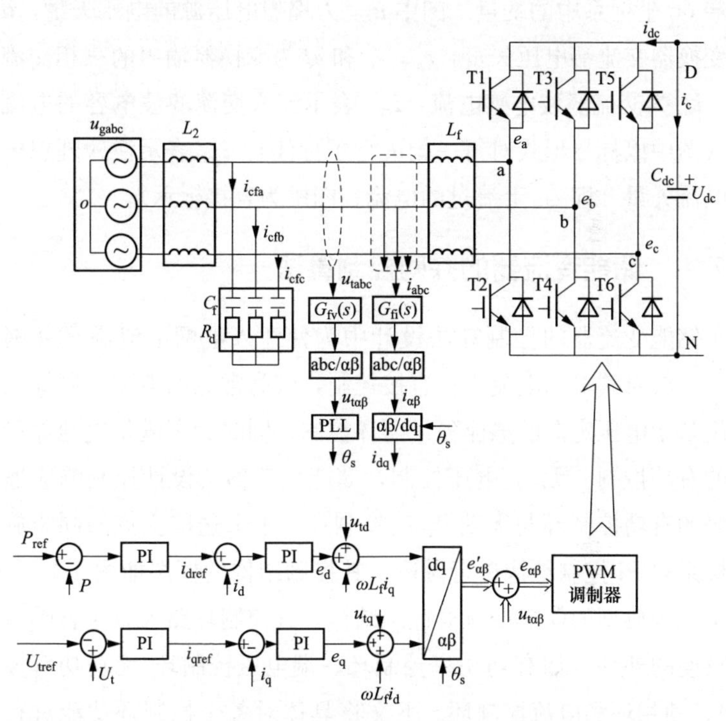

图 4-4　储能变流器的拓扑结构与控制结构

图 4-4 中所示储能变流器系统中，V_{dc}表示储能变流器直流侧母线电压，在电池储能系统中其电压的大小受到电化学储能电池荷电状态的影响；T1～T6 为对应储能变流器各桥臂的开关元件；L_f 为对应储能变流器交流输出侧的滤波电感，可减小储能变流器输出谐波电流；C_f 为对应储能变流器交流输出端的滤波电容，与滤波电容串联的 R_d 对应无源阻尼电阻，用于阻尼 LCL 谐振；L_2 则用于表

示电网内抗。本书分析中，在未做特别申明的情况下采用非斜体字符表示标量，加粗斜体字符表示矢量，加粗非斜体字符表示矩阵。由于储能变流器控制中变量涉及在不同坐标系中表达，文中采用脚标“abc”“αβ”与“dq”区分三相静止坐标系、两相静止坐标系与旋转 dq 坐标系中的变量。图中 $\boldsymbol{u}_{\mathrm{gabc}}$ 为理想电压源的电压矢量，$\boldsymbol{u}_{\mathrm{tabc}}$ 为变换器交流端电压矢量，e_{a}、e_{b} 和 e_{c} 为变换器输出的三相交流电压，$\boldsymbol{i}_{\mathrm{abc}}$ 为交流滤波电感电流，$\boldsymbol{i}_{\mathrm{cfabc}}$ 表示流入交流滤波电容的电流矢量（图中以标量形式对每一相进行了标注），$\boldsymbol{i}_{\mathrm{gabc}}$ 表示注入理想电网的电流矢量（即 L_2 上流过的电流，图中为直接标示）。

4.2.1 储能变流器的并网控制算法

储能变流器的控制算法设计中为使注入电网电流满足并网标准，一般对其输出电流进行直接控制，较为常见的电流控制算法是采用基于电压定向的电流矢量闭环控制。同时为了满足电池储能系统的有功控制、无功/电压控制，储能变流器会设计控制响应速度较慢的有功控制环与无功/电压控制环。本书选取主流的同步旋转坐标系双 PI 控制结构进行讨论，其控制结构的框图如图 4-4 所示。对于比较典型的储能变流器控制结构，其控制环路大致包含响应速度较慢的外环（如有功功率控制环、端电压控制环/无功功率控制环）、锁相环和电流控制环。下文将具体对各个控制环功能进行相应的说明。

1. 锁相控制环

较传统同步发电机利用转子运动实现机网同步运行不同，储能变流器与电网的同步依赖于设计的数字算法。其中较为广泛使用的同步方式借鉴于通信领域的锁相环（PLL，phase-locked loop）技术，即图 4-4 中 PLL 标识框图部分。变换器中锁相环的具体结构如图 4-5 所示。

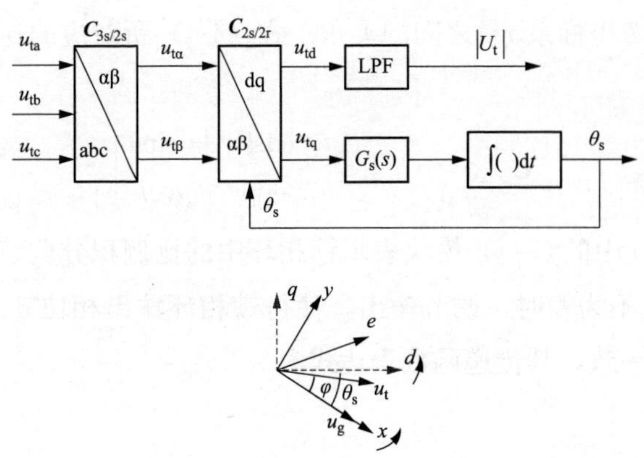

图 4-5　储能变流器中锁相环的结构与电压矢量关系图

图 4-5 中坐标变换 $\boldsymbol{C}_{3s/2s}$ 与 $\boldsymbol{C}_{2s/2r}$ 实现了信号从静止坐标系向锁相坐标系之间的转换。在采用恒幅值变换的条件下 $\boldsymbol{C}_{3s/2s}$ 可表达为

$$\boldsymbol{C}_{3s/2s}=\frac{2}{3}\begin{bmatrix}1 & -\frac{1}{2} & -\frac{1}{2}\\ 0 & \frac{\sqrt{3}}{2} & -\frac{\sqrt{3}}{2}\end{bmatrix} \tag{4-2}$$

与之对应的逆变换，即两相 αβ 静止坐标系到三相 abc 静止坐标系的变换关系为

$$\boldsymbol{C}_{2s/3s}=\boldsymbol{C}_{3s/2s}^{-1}=\begin{bmatrix}1 & 0\\ -\frac{1}{2} & \frac{\sqrt{3}}{2}\\ -\frac{1}{2} & -\frac{\sqrt{3}}{2}\end{bmatrix} \tag{4-3}$$

信号由两相 αβ 静止坐标系到两相 dq 旋转坐标系的矩阵关系为

$$\boldsymbol{C}_{2s/2r}=\begin{bmatrix}\cos\theta & \sin\theta\\ -\sin\theta & \cos\theta\end{bmatrix} \tag{4-4}$$

式中：θ 为变换所对应的目标坐标系与公共参考坐标系之间的夹角，具体在图 4-5 中为锁相环的输出角度 θ_s，也即图中锁相坐标系 dq

与公共参考坐标系 xy 之间的夹角。式（4-4）所对应的逆变换可表示为

$$\boldsymbol{C}_{2r/2s} = \boldsymbol{C}_{2s/2r}^{-1} = \begin{bmatrix} \cos\theta & -\sin\theta \\ \sin\theta & \cos\theta \end{bmatrix} \tag{4-5}$$

图 4-5 中的 $G_s(s)$ 模块表示锁相环中的比例积分调节器，其功能是在 u_{tq}不为零时，调节输出，使得锁相环输出相位 θ_s 最终与端电压相位一致，其传递函数表达式为

$$G_s(s) = k_{ps} + \frac{k_{is}}{s} \tag{4-6}$$

式中：k_{ps}、k_{is}分别为调节器的比例、积分系数。

图 4-5 中的 LPF 则为一阶低通滤波模块，用于滤除 u_{td}中的高频谐波分量，从而得到端电压矢量的幅值信 U_t。

根据图 4-5 中的结构，若假定端电压的表达式为 $\boldsymbol{u}_t = U_t e^{j\varphi}$，则图中 u_{td}、u_{tq}可表示为

$$\begin{cases} u_{td} = U_t\cos(\varphi - \theta_s) \\ u_{tq} = U_t\sin(\varphi - \theta_s) \end{cases} \tag{4-7}$$

不难从式中看出，当 θ_s 与端电压相位 φ 相等时，端电压在锁相坐标下的 q 轴分量 u_{tq}等于 0，也即实现了与电网的相位同步。图 4-5 中的矢量关系图直观展示了各个空间矢量的位置信息。

2. 电流控制环

储能变流器的电流控制环路主要包括被控对象与电流调节器。其中被控对象视所设计的被控电流而定，一般可选取逆变侧电感电流或滤波电容后级的注入电网电流。这两种电流采样反馈的方式各具特色，其中逆变侧滤波电感电流由于直接可受到储能变流器输出内电势的调节，其受控的抗扰能力更强，本书中亦采用这一电流作为被控对象。根据图 4-4 中主电路的关系可知，电流控制环路中被控对象的数学模型可表示为

$$L_f \frac{d\boldsymbol{i}_{abc}}{dt} = \boldsymbol{e}_{abc} - \boldsymbol{u}_{tabc} \tag{4-8}$$

式中忽略了交流滤波电感上的寄生电阻。

式（4-8）也可利用旋转 dq 坐标系下的矢量进行表示，并对电流动态项进行微分展开后约去等式两边的旋转因子，即可得到交流滤波电感 L_f 在 dq 坐标系下的模型

$$L_f \frac{d\boldsymbol{i}_{dq}}{dt} + j\omega_0 L_f \boldsymbol{i}_{dq} = \boldsymbol{e}_{dq} - \boldsymbol{u}_{tdq} \tag{4-9}$$

为实现对交流滤波电感 L_f 电流的有效控制，根据式（4-9）一般可设计同步旋转 dq 坐标系下的控制器如下

$$\boldsymbol{e}_{dq} = \left(k_{pc} + \frac{k_{ic}}{s}\right)(\boldsymbol{i}_{dqref} - \boldsymbol{i}_{dq}) + j\omega_0 L_f \boldsymbol{i}_{dq} + \boldsymbol{u}_{tdq} \tag{4-10}$$

式中：k_{pc}、k_{ic}分别对应电流调节器的比例、积分参数；$j\omega_0 L_f \boldsymbol{i}_{dq}$对应滤波电感电流在 dq 坐标系下的耦合量，用于降低控制中有功、无功电流的耦合；$\boldsymbol{u}_{tdq}$对应储能变流器端电压在锁相同步 dq 坐标系中的映射，用于降低端电压波动对电流控制的影响。

式（4-10）所对应的数学关系可转换为图 4-4 所示的框图形式。注意到图 4-4 中端电压的前馈项直接加在了两相 $\alpha\beta$ 静止坐标系中，而非锁相坐标系下，类似的做法可在西门子的国际专利中见到。

在电流环中，反馈信号的采样与滤波在图 4-4 中通过传递函数矩阵 $\boldsymbol{G}_{fv}(s)$、$\boldsymbol{G}_{fi}(s)$ 进行表示，其具体的表达式为

$$\boldsymbol{G}_{fv}(s) = \begin{bmatrix} f_v(s) & 0 \\ 0 & f_v(s) \end{bmatrix}, \boldsymbol{G}_{fi}(s) = \begin{bmatrix} f_i(s) & 0 \\ 0 & f_i(s) \end{bmatrix} \tag{4-11}$$

其中

$$f_v(s) = \frac{\alpha_{fv}}{s + \alpha_{fv}}, f_i(s) = \frac{\alpha_{fi}}{s + \alpha_{fi}} \tag{4-12}$$

式中：α_{fv}、α_{fi}分别为低通滤波器截止角频率。

3. 有功功率控制

有功功率控制用于实现对储能电池充、放电功率的有效调节。

该控制一般采用比例积分控制，控制环路的带宽需与电流控制内环的带宽相配合，否则可能造成电池储能系统并网后的功率控制失稳。有功电流指令的计算公式如下

$$i_{\mathrm{dref}} = \frac{k_{\mathrm{pp}} s + k_{\mathrm{ip}}}{s}(P_{\mathrm{ref}} - P) \tag{4-13}$$

4. 无功/电压控制

无功/电压控制主要用于调节储能变流器注入电网的无功电流指令，响应 AVC 调节指令，改善电池储能电站并网点的电压水平。这一控制一般可配置为无功控制模式或电压电压控制模式。控制器采用比例积分调节器，控制参数需与电流内环配合，否则可能造成系统稳定问题。无功电流指令的计算公式如下

$$i_{\mathrm{qref}} = \frac{k_{\mathrm{pu}} s + k_{\mathrm{iu}}}{s}(U_{\mathrm{t}} - U_{\mathrm{ref}}) \tag{4-14}$$

4.2.2　储能变流器的故障穿越算法

在 GB/T 36547—2018《电化学储能系统接入电网技术规定》中对电池储能电站并网提出了高、低电压故障穿越的要求，其具体的穿越规则如图 4-2 与图 4-3 所示。为满足电池储能电站的这一并网要求，需在储能变流器内配置相应的故障穿越算法。值得指出的是，现有电化学储能系统并网标准中，仅对其故障穿越期间并网运行时间做出了规定，并未对其故障穿越期间的有功电流、无功电流进行具体的规定。为使电池储能电站在故障穿越期间持续运行，需在系统故障发生时对其电流控制进行暂态切换。

储能变流器交流电流控制的暂态切换动作主要是指交流侧输出电压的瞬时调节。故障下电网电压的幅值和相位都会瞬时改变，由于电流控制和锁相控制的延时，使得储能变流器交流侧输出电压调节相对较慢，因此会给电池储能系统带来网侧过流、直流过流等应力问题。实际中为了降低电网电压突出带来的应力问题，可以在电

流控制上加入电压前馈和相位补偿环节，扰动后通过瞬间调节储能变流器输出电压来降低电网电压扰动的影响。

储能变流器交流侧过流产生的原因在于，故障下电网电压产生突变而储能变流器交流侧输出电压由于电流控制、锁相环的延时不会瞬时改变，因此在故障瞬间会有较大的电压差加在滤波电感上。储能变流器交流侧滤波电感一般较小，使得电感电流会以较大的速率上升，从而带来过流问题。实际中，为了降低电网电压扰动的影响，可以在电流控制中加入端电压前馈环节，如图 4-6 所示。端电压前馈可以将电网电压的扰动引入到储能变流器交流侧输出电压中，扰动后通过瞬时改变该电压从而降低电网电压突变的影响。

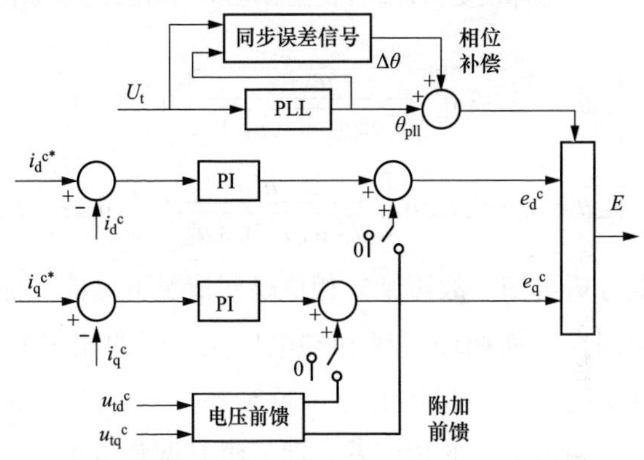

图 4-6　储能变流器故障穿越电流控制框图

此外，电网故障恢复瞬间往往会发生相位跳变的情况，给储能变流器的运行带来冲击。如图 4-7 所示，故障恢复瞬间端电压相位发生跳变时，由于锁相控制的延时，使得一段时间内锁相环 d 轴并未定向在端电压矢量上。然而控制器中电流指令的给定是以锁相坐标系为基准的，当锁相环相位和端电压相位存在误差时，d 轴电流不能反映实际真实的有功电流（其在端电压矢量上的分量才能代表有功分量），因此会造成储能变流器实际输出的有功功率偏小的情况，极端情况下当相位误差 $\Delta\theta$ 为钝角时甚至会出现有功功率回流的现象，造成直流母线电压升高，危及储能电池及储能变流器的安全。

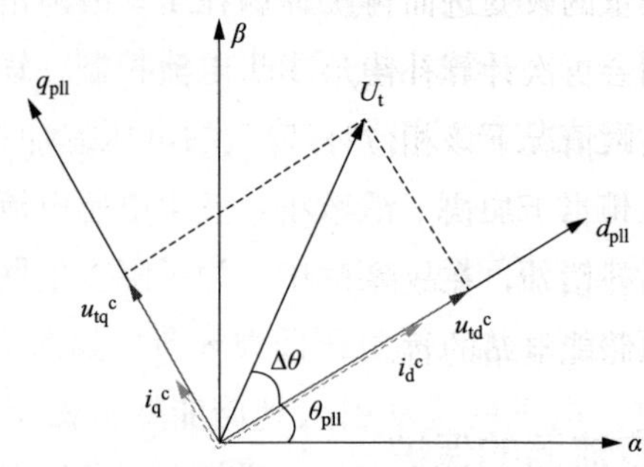

图 4-7　故障恢复瞬间储能变流器电压、电流矢量关系图

$$\begin{cases} \Delta\theta = \arcsin\left[\dfrac{u_{tq}^c}{\sqrt{(u_{td}^c)^2 + (u_{tq}^c)^2}}\right], u_{tq}^c \geqslant 0 \\ \Delta\theta = \pi - \arcsin\left[\dfrac{u_{tq}^c}{\sqrt{(u_{td}^c)^2 + (u_{tq}^c)^2}}\right], u_{tq}^c < 0 \end{cases} \tag{4-15}$$

从以上分析可知，故障恢复相位跳变情况下储能变流器直流电压变化的原因在于锁相环 d 轴和端电压矢量间的相位差 $\Delta\theta$。如果在故障恢复瞬间，对锁相环的相位瞬时补偿一个角度 $\Delta\theta$，从储能变流器交流侧输出电压的角度看，即为瞬时调整该电压的相位，使得 d 轴电流定向在端电压矢量上，则可有效降低直流侧电压的波动。由图 4-7 可知，补偿角度 $\Delta\theta$ 可按式（4-15）求得，强电网情况下端电压矢量近似为固定矢量，该相位补偿能较为理想地解决过压应力问题，弱电网情况下，端电压矢量受储能变流器输出影响，补偿效果会差于强电网情况下。一般情况下该相位补偿在故障恢复瞬间执行一次后便可退出，若持续动作的话，在弱电网情况下可能还会带来稳定性问题。原因在于，强电网情况下端电压矢量不易受储能变流器输出影响，该相位补偿环节类似于前馈的作用，并不会通

过电网构成闭环通路，从而对稳定性没有影响。弱电网情况下端电压矢量易受储能变流器输出的影响，相位补偿后会带来储能变流器交流输出电压矢量的改变进而再次影响到端电压的相位，若相位补偿一直动作，则会再次计算补偿角度调节储能变流器交流输出电压相位，因此弱电网情况下该相位补偿通过电网构成了闭环通路，同时该相位补偿又相当于加快了锁相环的调节速度，从而恶化系统稳定性。除了相位补偿外，在故障阶段，还有可能存在锁相环参数的调节以改善电池储能电站的暂态响应。

4.2.3 储能变流器的保护设计

电池储能系统并网运行过程中，储能变流器控制装置会实时检测自身工作状态以及储能装置和交流电网的状态，一旦检测到故障及异常，储能变流器降低功率或停止工作，并发出报警信号。具体的保护功能为：

（1）交流过/欠压保护。储能变流器在运行过程中，电网接口处的电网电压需运行在定值设定的偏差范围内，若超过定值所设定的偏差，则根据电压偏差大小，自动触发储能变流器进入高/低电压穿越模式。

（2）交流过/欠频保护。储能变流器在运行过程中，电网频率允许范围为 45～55Hz。当电网频率超出保护定值时，储能变流器停止工作，在液晶显示屏上显示相应的报警信息，并上送至监控后台。

（3）交流过流保护。储能变流器在运行过程中，交流输出电流不超过额定值的 110％。当电网发生短路、交流输出电流超出保护定值时，变流器停止工作，与电网断开，并发出相应的报警信息。

（4）负序电流保护。储能变流器在运行过程中，当电网负序电流超出保护定值时，将立即停机，并发出相应的报警信息。

（5）负序电压保护。变流器在运行过程中，当电网负序电压超出保护定值时，将立即停机，并发出相应的报警信息。

（6）孤岛保护。该保护主要是防止电池储能电站进入孤岛运行环境时储能变流器控制失效造成设备及人员损失。当电网发生孤岛故障时，可迅速检测出电网孤岛故障，在 0.2～2s 内将储能装置同电网断开，并发出相应的报警信息。储能变流器一般可采用主动式与被动式孤岛检测方法。主动式防孤岛保护需获取电池储能电站并网点线路对侧开关位置信号，当对侧开关跳闸时，联跳储能电站内各个储能单元。被动式防孤岛保护则通过检测并网点电压相位跳变、频率变化时控制储能单元脱网并停止运行。

（7）直流过压、欠压保护。根据电池特性及硬件参数配置，储能变流器允许输入的直流电压有一定的要求。当检测到输入电压超出保护定值时，储能变流器将立即停机，在 0.2～1s 内将储能装置同电网断开，并发出相应的报警信息。

（8）直流侧极性反接保护。为防止直流侧极性反接，储能变流器在运行过程中，实时检测直流进线电压。当检测到进线正负反接时，将立即停机，并断开直流开关；极性正接后，变流器方可正常工作。

（9）直流过流保护。储能变流器在运行过程中，实时监测直流侧电流。当电流值超过保护定值时，储能变流器会在 0.2～1s 内将储能装置同电网断开，并发出相应的报警信息。其定值整定需要与电池充放电限制电流相配合。

（10）绝缘监测。储能变流器在运行过程中，需实时监视直流侧对地绝缘状况，防止储能电池对地短路，危害电池的正常运行。当出现绝缘异常时，将停止工作，并发出相应的报警信息。

（11）接地保护。储能变流器在运行过程中，实时监测对地漏电流。当漏电流采样超过限值时，将停止工作，并发出相应的报警信息。

（12）驱动保护。储能变流器在运行过程中，实时监测 IGBT 模块的状态。当 IGBT 发生驱动故障时，将立即停机，并发出相应的报警信息。

（13）TV 异常保护。储能变流器在运行过程中，实时监测并网接触器前后端的交流电压偏差。当检测到电压采样异常时，储能单元将立即停机，同时向后台监控系统发出相应的报警信息。

（14）辅助电源保护。储能变流器在运行过程中，实时监测辅助电源的状态。当电源故障时，将立即停机，并发出相应的报警信息。

（15）过温保护。储能变流器在运行过程中，实时监测功率模组温度。当温度过高时，将启动风机散热，并限功率运行。当温度仍然高于高温限值时，变流器将停止运行，待温度降为正常后方可继续运行。

（16）通信故障保护。储能变流器在运行过程中，实时监测与 BMS 及上位机的通信状态，当通信出现中断时，将停止运行，并发出相应的报警信息。

（17）外部联锁保护。变流器可以接入外部联锁保护信号。当外部联锁保护时，将停止运行，并发出相应的报警信息。

4.3 电池储能电站的并网测试

电池储能电站并网测试是其投产运行的必要步骤，可保证电站后续的安全可靠运行。实际工程中，电池储能电站的并网测试依据 GB/T 36548—2018《电化学储能系统接入电网测试规范》有关要求开展。一般情况下，对于大容量电池储能电站，难以在工程现场开展高、低电压穿越，可以进行的测试主要包括功率调节能力测试、过载能力测试、充放电响应时间和充放电调节时间测试、充放电转换时间测试与电能质量测试等。为给电池储能电站设计人员提供整站特性的直观参考，本节选取某一实际的工程案例，给出其相关的并网测试结果，以辅助设计人员在整站配置、子系统招标参数要求等方面提供帮助。

4.3.1 被测电池储能电站

该新建电池储能电站规模为 24MW/48MWh，全预制舱布置，包括 24 个电池集装箱，24 个 PCS 集装箱（每个集装箱含 2 台 PCS 和 1 台 1250kVA 变压器），1 个 10kV 小室，1 个总控集装箱。该电池储能站一次系统接线图如图 4-8 所示，它是通过椰储Ⅰ线、椰储Ⅱ线和椰储Ⅲ线接入电网，其中椰储Ⅰ线连接至变电站 1 号主变压器 10kV 侧，椰储Ⅱ线和椰储Ⅲ线连接至 2 号主变压器 10kV 侧。

被测电池储能电站并网性能测试点位置如图 4-8 所示，测试信号如表 4-4 所示，采集的信号为椰储Ⅰ线并网点（310 断路器）、椰储Ⅱ线并网点（320 断路器）、椰储Ⅲ线并网点（330 断路器）的三相电压、三相电流。

表 4-4　　测试点与测试信号

测试地点	测试信号
被测储能站主控舱故障录波屏柜	椰储Ⅰ线并网点（310 断路器）电压
	椰储Ⅰ线并网点（310 断路器）电流
	椰储Ⅱ线并网点（320 断路器）电压
	椰储Ⅱ线并网点（320 断路器）电流
	椰储Ⅲ线并网点（330 断路器）电压
	椰储Ⅲ线并网点（330 断路器）电流

4.3.2 常规并网测试项目

1. 功率调节能力测试

（1）有功功率调节能力测试。

在电池储能电站连续运行工况下测试储能电站的有功功率调节

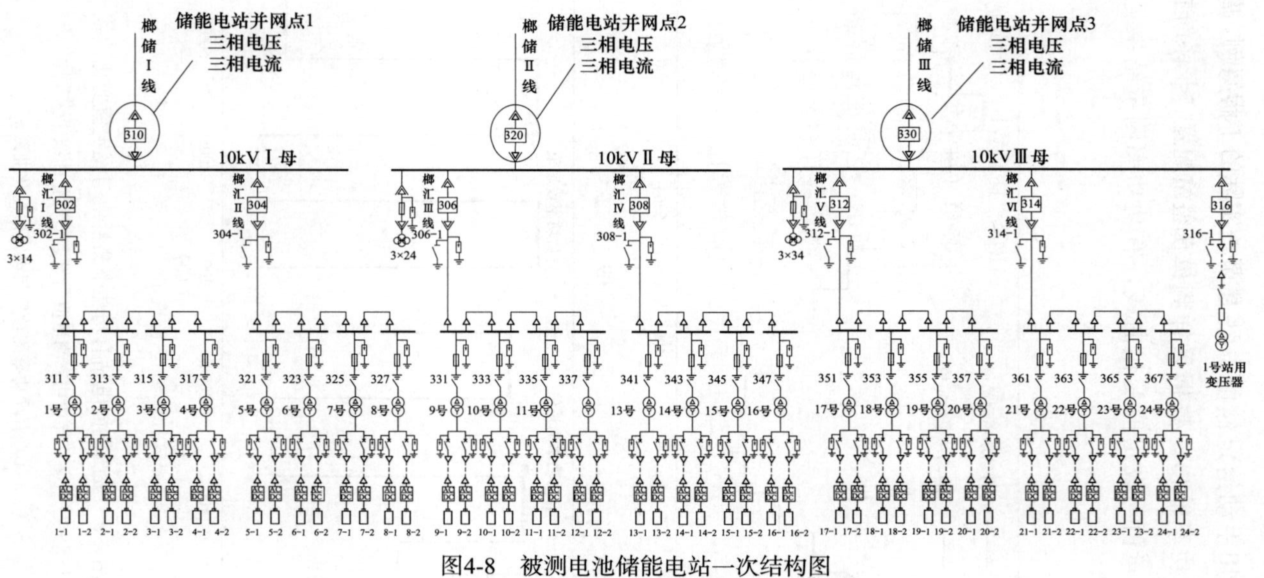

图4-8 被测电池储能电站一次结构图

能力。采用手动给定储能电站有功功率指令的方式，调整储能电站有功功率输出。数据采样频率为10kHz。图4-9所示为有功功率测量值与设定值变化曲线，有功功率测量结果见表4-5、表4-6。

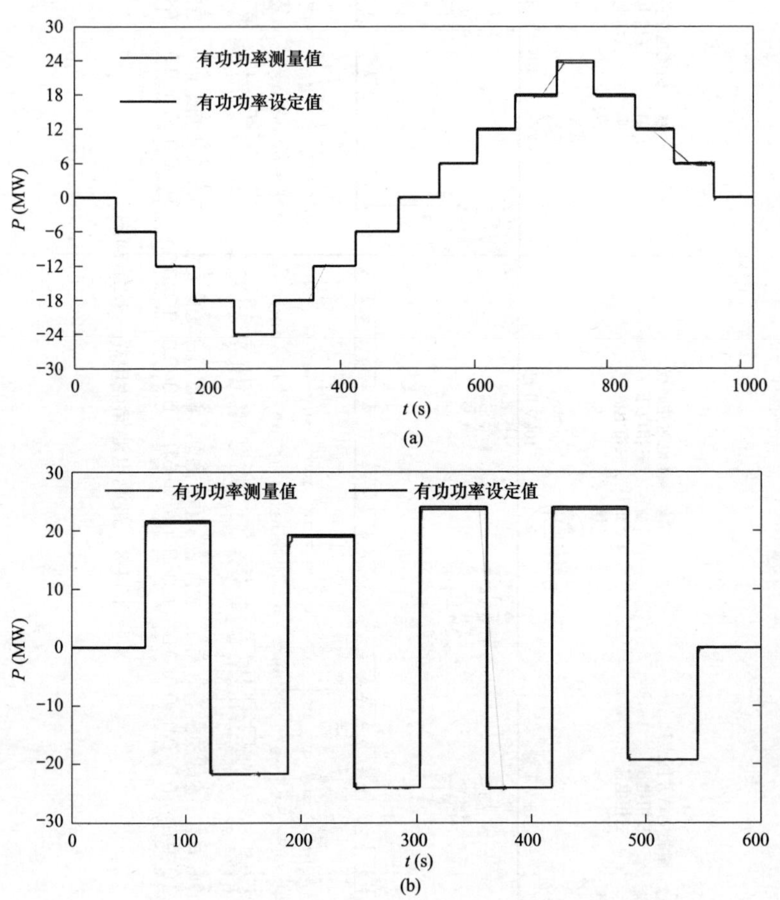

图4-9 被测储能电站有功功率测量值与设定值变化曲线
(a) 有功功率测量值与设定值变化曲线1；
(b) 有功功率测量值与设定值变化曲线2

表 4-5　被测储能电站有功功率控制响应结果（一）

有功设定值（MW）	0	−6	−12	−18	−24	−18	−12	−6	0
有功实际值（MW）	−0.12	−6.09	−12.08	−18.12	−24.10	−18.08	−12.08	−6.08	−0.12
稳态偏差（%）	−0.5	−0.38	−0.33	−0.5	−0.42	−0.33	−0.33	−0.33	−0.5
有功设定值（MW）	6	12	18	24	18	12	6	0	—
有功实际值（MW）	5.85	11.80	17.71	23.85	17.68	11.77	5.85	−0.11	—
稳态偏差（%）	−0.63	−0.83	−1.21	−0.63	−1.33	−0.96	−0.63	−0.46	—

表 4-6　被测储能电站有功功率控制响应结果（二）

有功设定值（MW）	0	21.6	−21.6	19.2	−24
有功实际值（MW）	−0.11	21.25	−21.72	18.86	−24.10
稳态偏差（%）	−0.46	−1.46	−0.50	−1.42	−0.42
有功设定值（MW）	24	−24	24	0	—
有功实际值（MW）	23.57	−24.11	23.56	−0.12	—
稳态偏差（%）	−1.79	−0.46	−1.83	−0.50	—

（2）无功功率调节能力测试。在电池储能电站连续运行工况下测试储能电站的无功功率调节能力。采用手动给定储能电站无功功率指令的方式，调整储能电站无功功率输出。数据采样频率为 10kHz。图 4-10 所示为无功功率测量值与设定值变化曲线，无功功率测量结果见表 4-7、表 4-8。

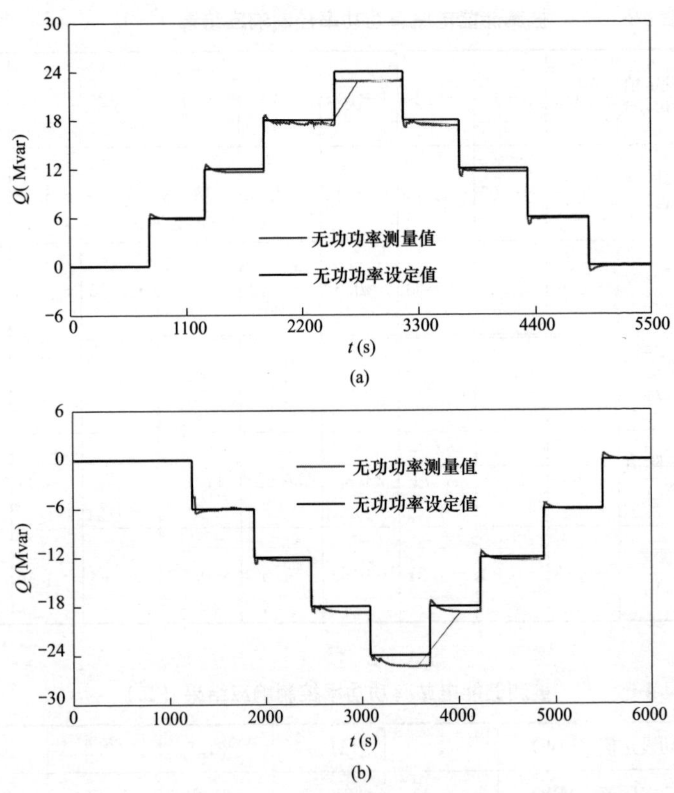

图 4-10 被测储能电站无功功率测量值与设定值变化曲线

(a) 无功功率测量值与设定值变化曲线 1；

(b) 无功功率测量值与设定值变化曲线 2

表 4-7 被测储能电站无功功率控制响应结果（一）

无功设定值（Mvar）	0	6	12	18	24
无功实际值（Mvar）	−0.05	5.95	11.72	17.64	22.79
稳态偏差（%）	−0.21	−0.21	−1.17	−1.50	−5.04
无功设定值（Mvar）	18	12	6	0	—
无功实际值（Mvar）	17.37	11.63	5.82	−0.13	—
稳态偏差（%）	−2.63	−1.54	−0.75	−0.54	—

表 4-8　　被测储能电站无功功率控制响应结果（二）

无功设定值（Mvar）	0	−6	−12	−18	−24
无功实际值（Mvar）	−0.05	−6.05	−12.30	−18.59	−25.12
稳态偏差（%）	−0.21	−0.21	−1.25	−2.46	−4.67
无功设定值（Mvar）	−18	−12	−6	0	—
无功实际值（Mvar）	−18.58	−12.26	−6.07	0.02	—
稳态偏差（%）	−2.42	−1.08	−0.29	0.08	—

（3）有功功率和无功功率组合调节能力测试。在储能电站连续运行工况下测试储能电站的有功功率和无功功率组合调节能力。采用手动给定储能电站有功功率和无功功率指令的方式，调整储能电站有功功率和无功功率输出。数据采样频率为 10kHz。图 4-11 所示为有功功率和无功功率测量值与设定值变化曲线。有功功率和无功功率测量值和设定值见表 4-9。

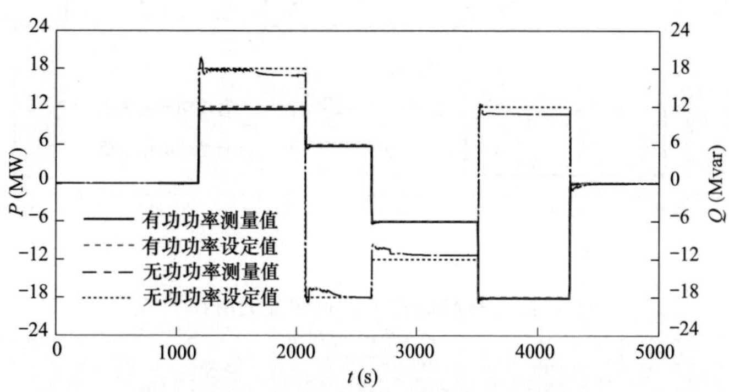

图 4-11　被测储能电站有功功率和无功功率测量值与设定值变化曲线

表 4-9　　被测储能电站有功功率和无功功率控制响应结果

有功设定值（MW）	0	12	6	−6	−18	0
有功实际值（MW）	−0.10	11.67	5.81	−6.11	−18.18	−0.10
稳态偏差（%）	−0.42	−1.38	−0.79	−0.46	−0.75	−0.42
无功设定值（Mvar）	0	18	−18	−12	12	0
无功实际值（Mvar）	−0.07	17.43	−17.54	−11.10	10.90	−0.16
稳态偏差（%）	−0.29	−2.38	1.92	3.75	−4.58	−0.67

2. 过载能力测试

在电池储能电站连续运行工况下测试储能电站的过载能力。将电池储能电站调整至热备用状态，向储能电站发送以 1.1 倍额定功率充电指令，连续运行 5min 后调至热备用状态静置 5min，再向储能电站发送以 1.1 倍额定功率放电指令连续运行 5min。数据采样频率为 10kHz。图 4-12 所示为被储能电站过载能力测试曲线，有功功率测量值和设定值见表 4-10。因被测储能电站不具备 1.2 倍额定功率的过载能力，故未开展相关试验。

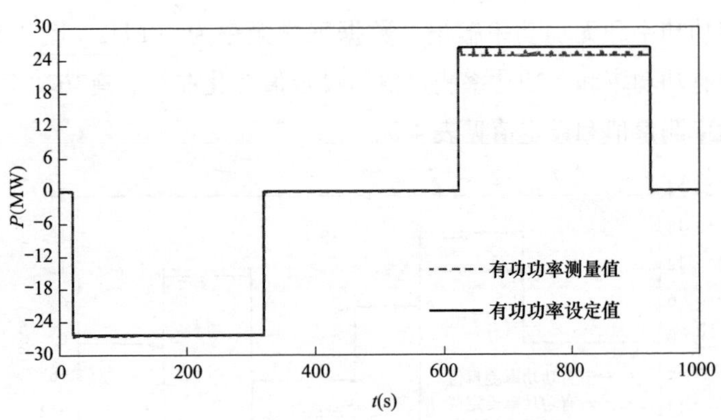

图 4-12　被测储能电站过载能力测试曲线

表 4-10　被测储能电站有功功率过载能力测试结果

有功设定值（MW）	−26.4	26.4
有功实际值（MW）	−26.49	24.89
稳态偏差（%）	0.34	−5.72

3. 充放电响应时间和充放电调节时间测试

（1）放电响应时间和放电调节时间测试。在电池储能电站正常运行工况下测量储能电站的放电响应时间和放电调节时间。将电池储能电站调整至热备用状态，向储能电站发送以额定功率放电指令，测试储能电站放电响应时间和放电调节时间，重复以上步骤两次，放电响应时间和放电调节时间均取 3 次测试结果的最大值。数据采样频率为 10kHz。图 4-13 所示为放电响应/调节时间测试曲线，放电响应时间测试结果见表 4-11，放电调节时间测试结果见表 4-12 所示。

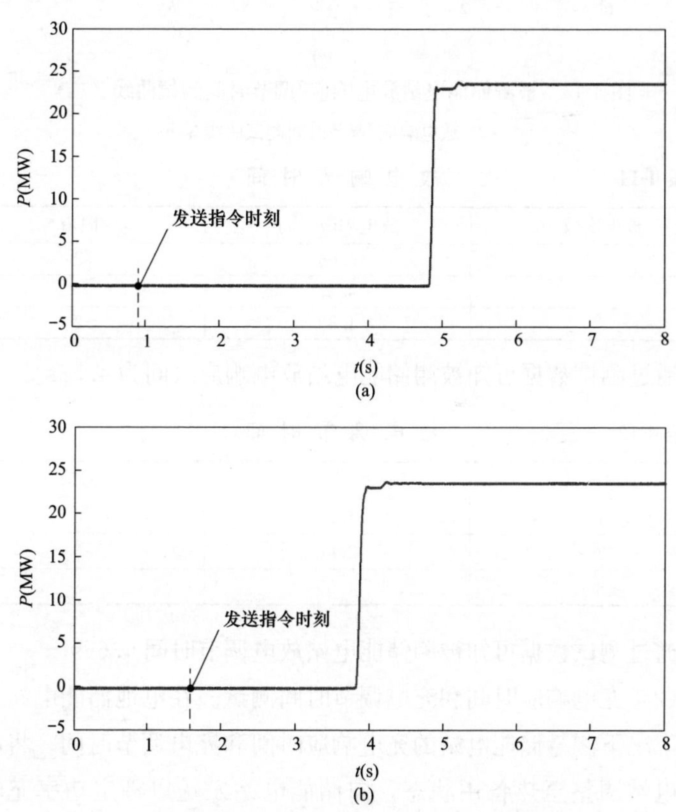

图 4-13 被测储能电站放电响应/调节时间测试曲线（一）

（a）放电响应/调节时间测试曲线 1；

（b）放电响应/调节时间测试曲线 2

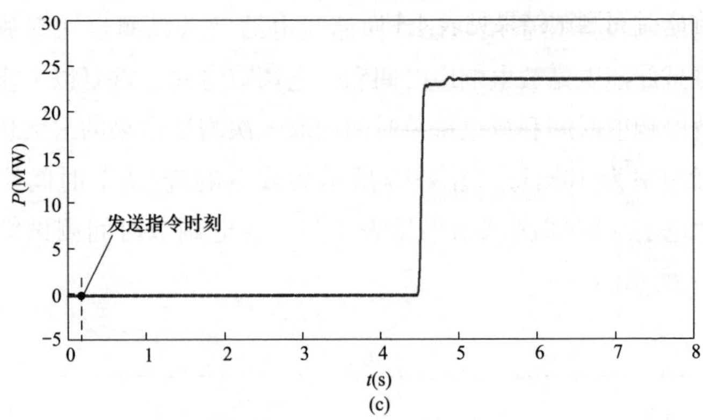

图 4-13　被测储能电站放电响应/调节时间测试曲线（二）

(c) 放电响应/调节时间测试曲线 3

表 4-11　　放电响应时间　　s

放电次数	放电响应时间	限值
1	4.06	2
2	2.37	2
3	4.53	2

通过测试数据可知被测储能电站放电响应时间为 4.53s。

表 4-12　　放电调节时间　　s

放电次数	放电调节时间	限值
1	4.18	3
2	2.46	3
3	4.65	3

通过测试数据可知被测储能电站放电调节时间 4.65s。

(2) 充电响应时间和充电调节时间测试。在电池储能电站正常运行工况下测量储能电站的充电响应时间和充电调节时间。将电池储能电站调整至热备用状态，向储能电站发送以额定功率充电指令，测试储能电站充电响应时间和充电调节时间，重复以上步骤两次，充电响应时间和充电调节时间均取 3 次测试结果的最大值。数据采样频率为 10kHz。图 4-14 所示为充电响应/调节时间测试曲线，充电响应时间测试结果见表 4-13，充电调节时间测试结果见表 4-14。

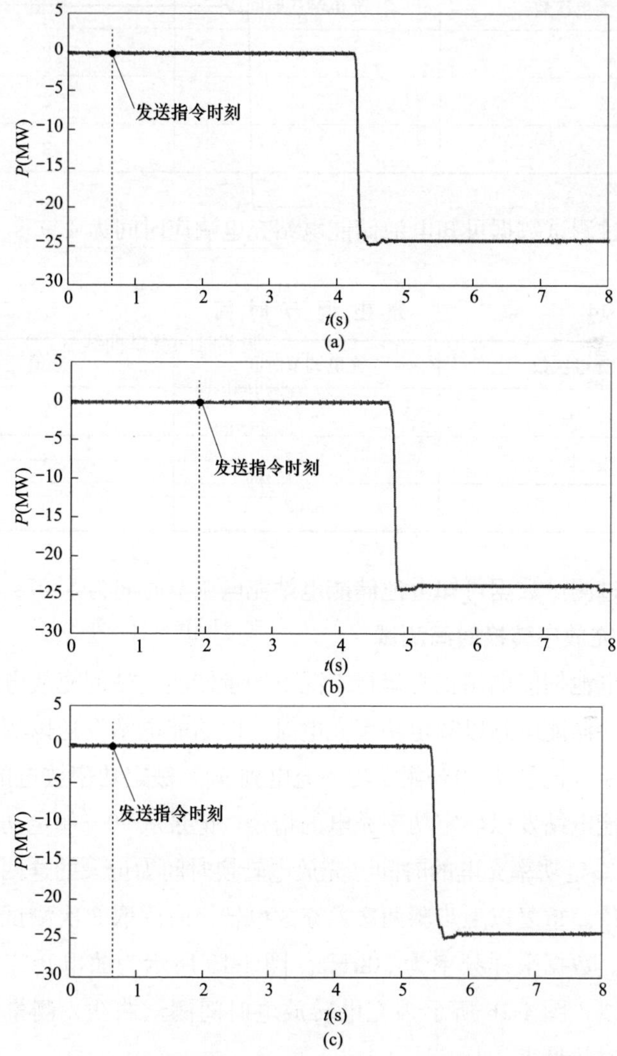

图 4-14 被测储能电站充电响应/调节时间测试曲线

（a）充电响应/调节时间测试曲线 1；（b）充电响应/调节时间测试曲线 2；

（c）充电响应/调节时间测试曲线 3

表 4-13　　　　充电响应时间　　　　s

充电次数	充电响应时间	限值
1	3.63	2
2	2.82	2
3	4.95	2

通过测试数据可知电池储能电站充电响应时间为 4.95s。

表 4-14　　　　充电调节时间　　　　s

充电次数	充电调节时间	限值
1	3.75	3
2	2.97	3
3	5.07	3

通过测试数据可知电池储能电站充电调节时间为 5.07s。

4. 充放电转换时间测试

在电池储能电站正常运行工况下测量储能电站的充放电转换时间。电池储能电站以额定功率充电时，向储能电站发送以额定功率放电指令，记录从 90%额定功率充电到 90%额定功率放电的时间；再向储能电站发以额定功率充电的指令，记录从 90%额定功率放电到 90%额定功率充电的时间。充放电转换时间为记录的这两个时间的平均值。重复以上步骤两次，充放电转换时间取 3 次测试结果的最大值。数据采样频率为 10kHz。图 4-15 所示为放电转充电时间测试曲线，图 4-16 所示为充电转放电时间测试曲线，测量的充放电转换时间见表 4-15。

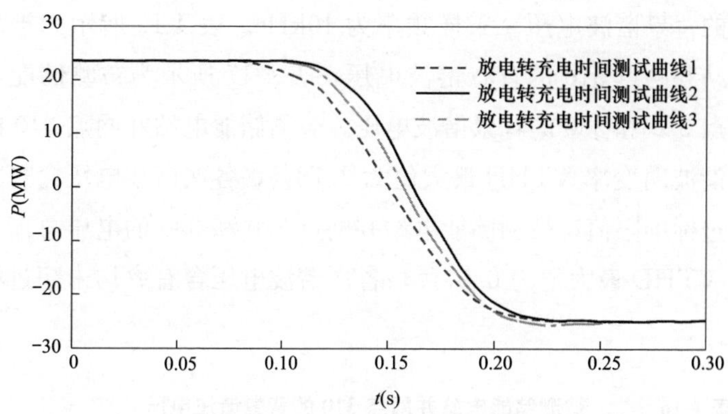

图 4-15　被测储能电站放电转充电时间测试曲线

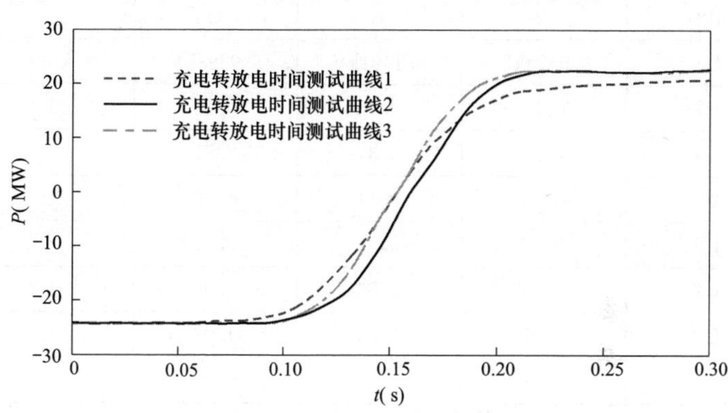

图 4-16　被测储能电站充电转放电时间测试曲线

表 4-15　　**充放电转换时间**　　ms

充放电转换次数	充电转放电时间	放电转充电时间	充放电转换时间	限值
1	102.8	97.6	100.2	400
2	183.1	89.3	136.2	400
3	182.5	89.6	136.1	400

通过测试数据可知电池储能电站充放电转换时间为 136.2ms。

5. 电能质量测试

（1）谐波测试。在电池储能电站停运的工况下测量储能电站并网点的背景谐波电压。采样频率为10kHz。表4-16所示为被测储能电站并网点310的背景谐波电压，表4-17所示为被测储能电站并网点320和330的背景谐波电压。被测储能电站并网点310的电压总谐波畸变率VTHD最大值为2.78%，各次谐波电压含有率均未超过标准限值；被测储能电站并网点320和330的电压总谐波畸变率VTHD最大值为0.97%，各次谐波电压含有率均未超过标准限值。

表4-16　　被测储能电站并网点310的背景谐波电压　　%

被测储能电站并网点310的背景谐波电压				允许值
相别	A	B	C	
U1	6.0198kV	6.1421kV	5.9983kV	—
U2	0.19	0.16	0.14	1.6
U3	2.56	2.31	2.51	3.2
U4	0.13	0.14	0.12	1.6
U5	0.35	0.54	0.64	3.2
U6	0.05	0.06	0.03	1.6
U7	0.61	0.84	1.08	3.2
U8	0.08	0.04	0.04	1.6
U9	0.10	0.10	0.09	3.2
U10	0.06	0.06	0.06	1.6
U11	0.35	0.38	0.34	3.2
U12	0.01	0.01	0.01	1.6
U13	0.31	0.20	0.26	3.2
U14	0.01	0.02	0.02	1.6
U15	0.02	0.05	0.07	3.2
U16	0.01	0.02	0.02	1.6
U17	0.09	0.07	0.06	3.2
U18	0.01	0.01	0.01	1.6

续表

被测储能电站并网点 310 的背景谐波电压				允许值
相别	A	B	C	
U19	0.06	0.08	0.08	3.2
U20	0.01	0.01	0.01	1.6
U21	0.03	0.03	0.03	3.2
U22	0.01	0.01	0.01	1.6
U23	0.05	0.05	0.05	3.2
U24	0.01	0.01	0.01	1.6
U25	0.04	0.04	0.04	3.2
VTHD	2.63	2.49	2.78	4.0

表 4-17　被测储能电站并网点 320 和 330 的背景谐波电压　　%

被测储能电站并网点 320 和 330 的背景谐波电压				允许值
相别	A	B	C	
U1	6.0219kV	5.9867kV	6.0641kV	—
U2	0.16	0.16	0.15	1.6
U3	0.17	0.14	0.16	3.2
U4	0.12	0.11	0.12	1.6
U5	0.48	0.46	0.38	3.2
U6	0.04	0.04	0.02	1.6
U7	0.78	0.77	0.80	3.2
U8	0.05	0.05	0.02	1.6
U9	0.06	0.04	0.04	3.2
U10	0.04	0.04	0.03	1.6
U11	0.22	0.24	0.22	3.2
U12	0.03	0.03	0.01	1.6
U13	0.20	0.18	0.20	3.2
U14	0.03	0.03	0.01	1.6
U15	0.03	0.04	0.03	3.2
U16	0.03	0.03	0.02	1.6

续表

被测储能电站并网点 320 和 330 的背景谐波电压				允许值
相别	A	B	C	
U17	0.10	0.08	0.07	3.2
U18	0.03	0.03	0.01	1.6
U19	0.06	0.07	0.04	3.2
U20	0.03	0.03	0.01	1.6
U21	0.04	0.04	0.02	3.2
U22	0.03	0.03	0.01	1.6
U23	0.06	0.05	0.04	3.2
U24	0.03	0.03	0.01	1.6
U25	0.04	0.04	0.03	3.2
VTHD	0.97	0.95	0.93	4.0

在电池储能电站连续运行的情况下测量储能电站并网点的谐波电压、谐波电流。采样频率为 10kHz。表 4-18 所示为电池储能电站并网点 310 的谐波电压，表 4-19 所示为电池储能电站并网点 310 的谐波电流，表 4-20 所示为电池储能电站并网点 320 和 330 的谐波电压，表 4-21 所示为电池储能电站并网点 320 的谐波电流，表 4-22 所示为电池储能电站并网点 330 的谐波电流。被测储能电站并网点 310 的电压总谐波畸变率 VTHD 最大值为 2.91%，各次谐波电压含有率未超过标准限值；被测储能电站并网点 310 的谐波电流主要成分为 5、7 次和 13 次，最大值分别为 $I_5=5.33\text{A}$、$I_7=5.45\text{A}$、$I_{13}=1.31\text{A}$。被测储能电站并网点 320 和 330 的电压总谐波畸变率 VTHD 最大值为 2.10%，各次谐波电压含有率未超过标准限值；被测储能电站并网点 320 的谐波电流主要成分为 5、7 次和 13 次，最大值分别为 $I_5=1.84\text{A}$、$I_7=4.57\text{A}$、$I_{13}=1.11\text{A}$，并网点 330 的谐波电流主要成分为 5、7 次和 13 次，最大值分别为 $I_5=1.93\text{A}$、$I_7=4.53\text{A}$、$I_{13}=1.03\text{A}$。

表 4-18　　被测储能电站并网点 310 的谐波电压　　%

被测储能电站连续运行时并网点 310 的谐波电压				允许值
相别	A	B	C	
U1	5.9826kV	6.1248kV	5.9581kV	—
U2	0.13	0.12	0.09	1.6
U3	2.66	2.58	2.67	3.2
U4	0.07	0.07	0.07	1.6
U5	0.64	0.16	0.76	3.2
U6	0.02	0.02	0.02	1.6
U7	0.31	0.65	0.88	3.2
U8	0.04	0.03	0.02	1.6
U9	0.11	0.13	0.09	3.2
U10	0.02	0.02	0.03	1.6
U11	0.17	0.20	0.10	3.2
U12	0.01	0.01	0.01	1.6
U13	0.21	0.16	0.27	3.2
U14	0.02	0.02	0.02	1.6
U15	0.04	0.05	0.06	3.2
U16	0.01	0.01	0.02	1.6
U17	0.07	0.05	0.03	3.2
U18	0.01	0.01	0.01	1.6
U19	0.03	0.05	0.07	3.2
U20	0.01	0.01	0.01	1.6
U21	0.03	0.03	0.04	3.2
U22	0.01	0.01	0.01	1.6
U23	0.06	0.07	0.06	3.2
U24	0.01	0.01	0.01	1.6
U25	0.05	0.06	0.05	3.2
VTHD	2.75	2.67	2.91	4.0

表 4-19　　被测储能电站并网点 310 的谐波电流　　A

被测储能电站连续运行时并网点 310 的谐波电流				允许值
相别	A	B	C	
I1	445.24	446.25	446.38	—
I2	0.51	0.54	0.54	28.71
I3	0.54	0.27	0.44	8.99
I4	0.39	0.37	0.38	14.36
I5	5.33	5.10	5.18	10.62
I6	0.17	0.18	0.15	9.39
I7	5.19	5.24	5.45	10.34
I8	0.21	0.22	0.19	7.07
I9	0.18	0.19	0.24	7.51
I10	0.23	0.24	0.24	5.63
I11	0.94	0.98	1.04	9.09
I12	0.14	0.15	0.15	4.75
I13	1.31	1.25	1.23	8.23
I14	0.18	0.19	0.17	4.09
I15	0.16	0.16	0.16	4.53
I16	0.18	0.18	0.19	3.53
I17	0.45	0.48	0.43	6.63
I18	0.14	0.15	0.15	3.09
I19	0.43	0.49	0.52	5.96
I20	0.18	0.19	0.18	2.87
I21	0.15	0.17	0.16	3.20
I22	0.18	0.19	0.19	2.54
I23	0.41	0.43	0.41	4.97
I24	0.15	0.17	0.16	2.32
I25	0.34	0.36	0.37	4.53

表 4-20　被测储能电站并网点 320 和 330 的谐波电压

被测储能电站并网点 320 和 330 的谐波电压（%）				允许值（%）
相别	A	B	C	
U1	5.9884kV	5.9539kV	5.9753kV	—
U2	0.12	0.12	0.06	1.6
U3	1.97	1.86	1.88	3.2
U4	0.06	0.07	0.06	1.6
U5	0.46	0.58	0.40	3.2
U6	0.02	0.01	0.02	1.6
U7	0.66	0.68	0.55	3.2
U8	0.02	0.03	0.02	1.6
U9	0.08	0.09	0.04	3.2
U10	0.01	0.02	0.03	1.6
U11	0.08	0.11	0.07	3.2
U12	0.01	0.01	0.02	1.6
U13	0.12	0.13	0.11	3.2
U14	0.01	0.01	0.02	1.6
U15	0.02	0.02	0.02	3.2
U16	0.01	0.01	0.02	1.6
U17	0.04	0.03	0.04	3.2
U18	0.01	0.01	0.02	1.6
U19	0.05	0.06	0.05	3.2
U20	0.01	0.01	0.02	1.6
U21	0.01	0.01	0.02	3.2
U22	0.01	0.01	0.02	1.6
U23	0.05	0.04	0.05	3.2
U24	0.01	0.01	0.02	1.6
U25	0.04	0.04	0.04	3.2
VTHD	2.10	2.05	1.98	4.0

表 4-21　　被测储能电站并网点 320 的谐波电流　　A

被测储能电站连续运行时并网点 320 的谐波电流				允许值
相别	A	B	C	
I1	439.80	439.94	440.61	—
I2	0.38	0.62	0.55	28.71
I3	0.58	0.51	0.45	8.99
I4	0.40	0.37	0.23	14.36
I5	1.75	1.84	1.73	10.62
I6	0.19	0.09	0.17	9.39
I7	4.37	4.57	4.57	10.34
I8	0.14	0.16	0.13	7.07
I9	0.13	0.22	0.16	7.51
I10	0.14	0.14	0.13	5.63
I11	0.90	0.92	0.90	9.09
I12	0.08	0.08	0.09	4.75
I13	1.11	1.07	1.07	8.23
I14	0.12	0.12	0.12	4.09
I15	0.09	0.09	0.09	4.53
I16	0.11	0.12	0.12	3.53
I17	0.60	0.61	0.61	6.63
I18	0.07	0.08	0.08	3.09
I19	0.47	0.47	0.47	5.96
I20	0.11	0.12	0.11	2.87
I21	0.09	0.09	0.10	3.20
I22	0.11	0.11	0.12	2.54
I23	0.37	0.40	0.42	4.97
I24	0.08	0.08	0.08	2.32
I25	0.32	0.33	0.34	4.53

表 4-22　　被测储能电站并网点 330 的谐波电流　　A

被测储能电站连续运行时并网点 330 的谐波电流				允许值
相别	A	B	C	
I1	413.94	415.55	415.04	—
I2	0.50	0.59	0.59	28.71
I3	0.74	0.54	0.52	8.99
I4	0.37	0.38	0.31	14.36
I5	1.71	1.93	1.87	10.62
I6	0.16	0.10	0.16	9.39
I7	4.33	4.53	4.37	10.34
I8	0.14	0.17	0.14	7.07
I9	0.14	0.23	0.21	7.51
I10	0.15	0.16	0.14	5.63
I11	0.90	0.96	0.97	9.09
I12	0.09	0.10	0.10	4.75
I13	1.03	1.00	0.99	8.23
I14	0.13	0.13	0.12	4.09
I15	0.12	0.09	0.12	4.53
I16	0.12	0.12	0.13	3.53
I17	0.55	0.56	0.56	6.63
I18	0.08	0.08	0.09	3.09
I19	0.51	0.53	0.48	5.96
I20	0.12	0.13	0.12	2.87
I21	0.10	0.09	0.13	3.20
I22	0.12	0.12	0.13	2.54
I23	0.32	0.32	0.37	4.97
I24	0.08	0.09	0.09	2.32
I25	0.30	0.28	0.27	4.53

（2）闪变测试。在电池储能电站停运情况下测量储能电站并网点的背景长时间闪变值。电池储能电站 310 并网点的背景长时间闪变测量结果为 0.16，被测储能电站 320 和 330 并网点的背景长时间闪变测量结果为 1.02。

在电池储能电站连续运行情况下测量储能电站并网点的长时间闪变值。被测储能电站 310 并网点的长时间闪变测量结果为 0.11，储能电站 320 和 330 并网点的长时间闪变测量结果为 0.16，均未超出国标允许值 1。

(3) 三相电压不平衡度测试。在电池储能电站连续运行情况下测量储能电站并网点的三相电压不平衡度。被测储能电站 310 并网点的三相电压不平衡度测量结果为 0.38%；储能电站 320 和 330 并网点的三相电压不平衡度测量结果为 0.37%，均未超出国标允许值 2%。

6. 测试结果分析

从上述测试结果可以看出被测储能电站进行有功功率调节时的稳态偏差最大值为－1.83%；进行无功功率调节时的稳态偏差最大值为－5.04%；进行有功功率和无功功率组合调节时的有功功率稳态偏差最大值为－1.38%，无功功率稳态偏差最大值为－4.58%。该储能电站具备 1.1 倍额定功率过载能力，其稳态偏差最大值为－5.72%；被测储能电站充电/放电响应时间不合格。被测储能电站充电/放电调节时间不合格；该储能电站充放电转换时间合格；储能电站并网点谐波电压、谐波电流、长时间闪变及三相电压不平衡度合格。

针对上述测试中未能满足的电站充电/放电响应时间，需在前期设计阶段即引起重视。储能电站充电/放电的响应时间和调节时间主要由 EMS 系统的计算时间、EMS 系统与 PCS 系统的通信时间、PCS 系统的控制及执行时间构成，故设计过程中需对各个环节的延时进行统筹考虑，并根据相关标准要求，在招标文件中明确各子系统的延时时间。

4.3.3 电池储能电站源网荷系统测试

目前电力公司还在探索将电网侧大容量电池储能电站用于电网

紧急控制，以提高系统运行的安全稳定性。因此电网侧电池储能电站除了需满足国标的并网标准要求外还需对其并网后的源网荷互动能力进行测试。这小节将以具体的工程实践介绍相关测试要求，为电池储能电站的源网荷系统设计提供参考依据。

本小节的测试仍然依据图 4-8 所示的电池储能电站开展。图 4-17 给出了被测电池储能电站源网荷互动系统结构示意图。该工程共配置一面源网荷互动终端柜，内含一台 PCS-992B 源网荷互动终端和一台 MUX-02E 2M 协议转换器。源网荷互动终端对上经由 2M 协议转换器和地调 SDH 接入 220kV 变电站源网荷互动子站 A/B 屏；对下经硬接线控制站内 48 台 PCS，同时通过网线与 EMS 系统进行通信交互。储能电站源网荷互动终端采集 EMS 发送的全站当前最大可放电功率变化量，其所接 48 台 PCS 不分层级，接到上级精切系统切负荷指令后，同时发动作指令给站内 EMS 系统及各 PCS；EMS 收到源网荷互动终端动作信号后立即禁止各 PCS 发充电命令，各 PCS 在接收到源网荷互动终端硬触点信号后立即以最大功率放

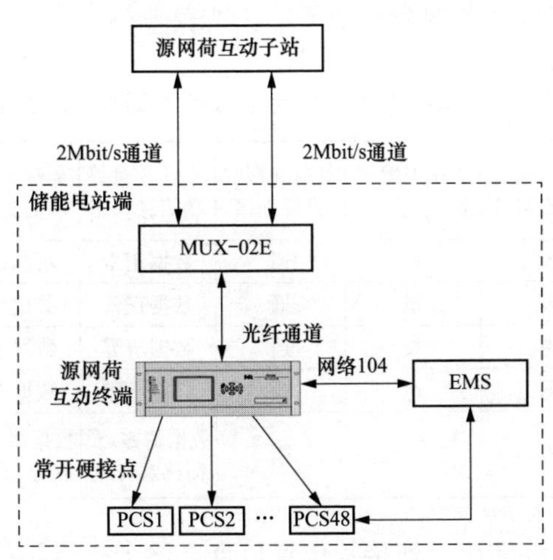

图 4-17　电池储能电站源网荷互动系统结构图

电1s。1s后转为EMS根据PCS与电池状态最大可放功率运行，放电时间持续至SOC下限值；期间若EMS系统接收到来自源网荷源网荷互动终端的复归信号后，改由AGC控制储能电站运行。

电池储能电站的源网荷互动除测试源网荷互动子站下发切负荷指令至站端功率反转至最大放电功率的耗时，还需测试源网荷互动终端动作出口触点闭合至PCS功率反转至最大放电功率的耗时，以便后期校核源网荷系统整组动作时间。

系统测试流程包括源网荷互动子站与储能电站源网荷互动终端通信交互测试、PCS功率反转试验与运行策略及负荷恢复功能测试。

1. 源网荷互动子站与被测储能电站源网荷互动终端通信交互测试

（1）通道测试。源网荷互动子站采用双重化配置，源网荷互动终端单套配置。源网荷互动终端与单套源网荷互动子站通道中断时不告警，与双套源网荷互动子站通道均中断时点亮面板告警灯，同时上送异常信号至源网荷互动子站，见表4-23。

表4-23　源网荷互动子站与储能电站源网荷互动终端通信通道测试

通道名称	子站A套通道软连接片	子站B套通道软连接片	负荷终端收光纤连接	子站A套终端信息状态	子站B套终端信息状态	终端状态	结论
源网荷互动子站与储能电站源网荷互动终端	投	投	通	数据正常	数据正常	正常	√
	投	退	通	数据正常	数据清零	正常	√
	退	投	通	数据清零	数据正常	正常	√
	退	退	通	数据清零	数据清零	异常	√
	投	投	断	数据清零/负荷终端异常	数据清零/负荷终端异常	异常	√

（2）负荷终端出口连接片位置检查。逐个投退站端源网荷互动终端去各PCS的跳闸硬连接片，在源网荷互动子站检查连接片状

态接收情况，见表 4-24。

表 4-24　　负荷终端出口连接片位置检查

源网荷互动终端压板状态	源网荷互动子站侧状态核查							
	PCS1-1	PCS1-2	PCS2-1	PCS2-2	PCS3-1	PCS3-2	PCS4-1	PCS4-2
分位	√	√	√	√	√	√	√	√
合位	√	√	√	√	√	√	√	√
/	PCS5-1	PCS5-2	PCS6-1	PCS6-2	PCS7-1	PCS7-2	PCS8-1	PCS8-2
分位	√	√	√	√	√	√	√	√
合位	√	√	√	√	√	√	√	√
/	PCS9-1	PCS9-2	PCS10-1	PCS10-2	PCS11-1	PCS11-2	PCS12-1	PCS12-2
分位	√	√	√	√	√	√	√	√
合位	√	√	√	√	√	√	√	√
/	PCS13-1	PCS13-2	PCS14-1	PCS14-2	PCS15-1	PCS15-2	PCS16-1	PCS16-2
分位	√	√	√	√	√	√	√	√
合位	√	√	√	√	√	√	√	√
/	PCS17-1	PCS17-2	PCS18-1	PCS18-2	PCS19-1	PCS19-2	PCS20-1	PCS20-2
分位	√	√	√	√	√	√	√	√
合位	√	√	√	√	√	√	√	√
/	PCS21-1	PCS21-2	PCS22-1	PCS22-2	PCS23-1	PCS23-2	PCS24-1	PCS24-2
分位	√	√	√	√	√	√	√	√
合位	√	√	√	√	√	√	√	√

（3）通道数据检查。通过 EMS 更改储能电站运行水平，在源网荷互动子站检查站端负荷水平。须选择 EMS 放电和充电两种状态进行通道数据检查，见表 4-25。

表 4-25　　源网荷互动通信通道数据检查　　kW

序号	站端功率水平	源网荷互动子站接收功率水平
1	50395	50395
2	23984	23984

2. PCS 功率反转测试

检查源网荷互动终端全部出口连接片在退出状态。在终端模拟全切指令，依次单独投入至各 PCS 的出口连接片，在 EMS 后台检查 PCS 功率变化情况。试验分 PCS 满功率充电、浅放电两种情况进行。

（1）设置各 PCS 充电功率为 500kW（全站 24MW），依次单独投入源网荷互动终端各 PCS 出口连接片，在 EMS 后台检查 PCS 功率变化情况，见表 4-26。

表 4-26　　PCS 在 500kW 充电工况下的反转测试

PCS 编号	PCS1-1	PCS1-2	PCS2-1	PCS2-2	PCS3-1	PCS3-2	PCS4-1	PCS4-2
功率反转情况	√	√	√	√	√	√	√	√
PCS 编号	PCS5-1	PCS5-2	PCS6-1	PCS6-2	PCS7-1	PCS7-2	PCS8-1	PCS8-2
功率反转情况	√	√	√	√	√	√	√	√
PCS 编号	PCS9-1	PCS9-2	PCS10-1	PCS10-2	PCS11-1	PCS11-2	PCS12-1	PCS12-2
功率反转情况	√	√	√	√	√	√	√	√
PCS 编号	PCS13-1	PCS13-2	PCS14-1	PCS14-2	PCS15-1	PCS15-2	PCS16-1	PCS16-2
功率反转情况	√	√	√	√	√	√	√	√
PCS 编号	PCS17-1	PCS17-2	PCS18-1	PCS18-2	PCS19-1	PCS19-2	PCS20-1	PCS20-2
功率反转情况	√	√	√	√	√	√	√	√
PCS 编号	PCS21-1	PCS21-2	PCS22-1	PCS22-2	PCS23-1	PCS23-2	PCS24-1	PCS24-2
功率反转情况	√	√	√	√	√	√	√	√

注　若功率发生反转，则在对应 PCS 下打√，否则打×。

（2）设置各 PCS 放电功率为 100kW（全站 4.8MW），依次投入源网荷互动终端各 PCS 出口连接片，在 EMS 后台检查 PCS 功率变化情况，见表 4-27。

表 4-27　　PCS 在 100kW 放电工况下的反转测试

PCS 编号	PCS1-1	PCS1-2	PCS2-1	PCS2-2	PCS3-1	PCS3-2	PCS4-1	PCS4-2
是否满放	√	√	√	√	√	√	√	√
PCS 编号	PCS5-1	PCS5-2	PCS6-1	PCS6-2	PCS7-1	PCS7-2	PCS8-1	PCS8-2
是否满放	√	√	√	√	√	√	√	√
PCS 编号	PCS9-1	PCS9-2	PCS10-1	PCS10-2	PCS11-1	PCS11-2	PCS12-1	PCS12-2
是否满放	√	√	√	√	√	√	√	√
PCS 编号	PCS13-1	PCS13-2	PCS14-1	PCS14-2	PCS15-1	PCS15-2	PCS16-1	PCS16-2
是否满放	√	√	√	√	√	√	√	√
PCS 编号	PCS17-1	PCS17-2	PCS18-1	PCS18-2	PCS19-1	PCS19-2	PCS20-1	PCS20-2
是否满放	√	√	√	√	√	√	√	√
PCS 编号	PCS21-1	PCS21-2	PCS22-1	PCS22-2	PCS23-1	PCS23-2	PCS24-1	PCS24-2
是否满放	√	√	√	√	√	√	√	√

注　若收到精切指令后放电功率立刻增大为最大放电功率，则在对应 PCS 下打√，否则打×。

3. 运行策略及负荷恢复功能测试

测试分满功率充电工况和低功率放电工况两种情况进行。在源网荷互动子站 A/B 套分别模拟切负荷指令，在储能站端进行数据记录、状态检查，完毕后在站端进行负荷恢复。

（1）站端 AGC 模式下满功率充电状态下的测试。

1）在站端模拟 AGC 远方控制运行，并设置充电功率为 26.4MW。在源网荷互动子站模拟 10MW 的切负荷指令，检查 PCS 和 EMS 的动作情况，并记录动作时间，见表 4-28。

表 4-28　　站端 AGC 模式满功率充电状态下的储能电站响应情况

项目	A 套结论	B 套结论
本地总可切量	50405kW	50415kW
子站端的总可切量	50405kW	50415kW
PCS 动作情况	全部按最大放电功率响应	全部按最大放电功率响应

续表

项目	A套结论	B套结论
EMS动作情况	停止充电	停止充电
子站指令下发时刻	20：41：05.164	20：45：07.671
站端源网荷互动终端动作时刻	20：41：05.171	20：45：07.681
全站功率达到最大放电功率时刻	20：41：05.323	20：45：07.830

2）数据记录、状态检查完毕后，在源网荷互动终端模拟负荷恢复开入，检查PCS和EMS的动作情况，见表4-29。

表4-29　充电工况下源网荷互动响应后储能电站负荷恢复功能测试结果

项目	A套结论	B套结论
PCS动作情况	全部按额定功率充电	全部按额定功率充电
EMS动作情况	控制全站24MW充电运行	控制全站24MW充电运行

（2）站端AGC模式放电状态下的测试。

1）在站端模拟AGC远方控制运行，并设置放电功率为2.4MW。在源网荷互动子站模拟10MW的切负荷指令，检查PCS和EMS的动作情况，并记录动作时间，见表4-30。

表4-30　站端AGC模式2.4MW放电状态下的储能电站响应情况

项目	A套结论	B套结论
本地总可切量	23993kW	23993kW
子站端的总可切量	23993kW	23993kW
PCS动作情况	全部按最大放电功率响应	全部按最大放电功率响应
EMS动作情况	停止充电	停止充电
源网荷互动子站指令下发时刻	10：44：19.417	10：50：58.245
站端源网荷互动终端动作时刻	10：44：19.423	10：50：58.252
全站功率达到最大放电功率时刻	10：44：19.554	10：50：58.382

2）数据记录、状态检查完毕后，在源网荷互动终端模拟负荷恢复开入，检查PCS和EMS的动作情况，见表4-31。

表 4-31 放电工况下源网荷互动响应后储能电站负荷恢复功能测试结果

项目	A 套结论	B 套结论
PCS 动作情况	全部按 50kW 放电	全部按 50kW 放电
EMS 动作情况	控制全站 2.4MW 放运行	控制全站 2.4MW 放运行

(3) 站端 AVC 模式下的测试。

1) 在站端模拟 AVC 远方控制运行，并设置吸收 11Mvar 无功。在源网荷互动子站模拟 10MW 的切负荷指令，检查 PCS 和 EMS 的动作情况，并记录动作时间，见表 4-32。

表 4-32 站端 AVC 模式下的储能电站响应情况

项目	A 套结论	B 套结论
本地总可切量	25880kW	25896kW
子站端的总可切量	25880kW	25896kW
PCS 动作情况	全部按最大放电功率响应	全部按最大放电功率响应
EMS 动作情况	停止充电	停止充电
源网荷互动子站指令下发时刻	17：42：12.350	17：43：30.990
站端源网荷互动终端动作时刻	17：42：12.357	17：43：30.998
全站功率达到最大放电功率时刻	17：42：12.490	17：43：31.130

2) 数据记录、状态检查完毕后，在源网荷互动终端模拟负荷恢复开入，检查 PCS 和 EMS 的动作情况，见表 4-33。

表 4-33 AVC 模式下源网荷互动响应后储能电站负荷恢复功能测试结果

项目	A 套结论	B 套结论
PCS 动作情况	全部按吸收 229kvar 无功运行	全部按吸收 229kvar 无功运行
EMS 动作情况	控制全站吸收 11Mvar 无功运行	控制全站吸收 11Mvar 无功运行

(4) 最高 SOC 状态下的测试。

1) 在站端将各电池堆充电至 SOC 为 93%，设置充电功率为 0。在源网荷互动子站模拟 10MW 的切负荷指令，检查 PCS 和 EMS 的动作情况，见表 4-34。

表 4-34　　最高 SOC 状态下的储能电站响应情况

项目	A 套结论	B 套结论
PCS 动作情况	全部按最大放电功率响应	全部按最大放电功率响应
EMS 动作情况	禁止充电，随后按最大功率放电	禁止充电，随后按最大功率放电

2）数据记录、状态检查完毕后，在源网荷互动终端模拟负荷恢复开入，检查 PCS 和 EMS 的动作情况，见表 4-35。

表 4-35　　最高 SOC 状态下源网荷互动响应后储能电站负荷恢复功能测试结果

项目	A 套结论	B 套结论
PCS 动作情况	PCS 充电功率全为 0	PCS 充电功率全为 0
EMS 动作情况	EMS 允许充电	EMS 允许充电

（5）最低 SOC 状态下的测试。

1）在站端将各电池堆放电至 SOC 为 13%，设置放电功率为 0。在源网荷互动子站记录储能站端总可切量，并在源网荷互动子站模拟 10MW 的切负荷指令，检查 PCS 和 EMS 的动作情况，见表 4-36。

表 4-36　　最低 SOC 状态下的储能电站响应情况

项目	A 套结论	B 套结论
PCS 动作情况	全部按最大放电功率响应	全部按最大放电功率响应
EMS 动作情况	禁止充电，随后按最大功率放电	禁止充电，随后按最大功率放电

2）数据记录、状态检查完毕后，在源网荷互动终端模拟负荷恢复开入，检查 PCS 和 EMS 的动作情况，见表 4-37。

表 4-37　　最低 SOC 状态下源网荷互动响应后储能电站负荷恢复功能测试结果

项目	A 套结论	B 套结论
PCS 动作情况	PCS 充电功率全为 0	PCS 充电功率全为 0
EMS 动作情况	EMS 放电功率为 0	EMS 放电功率为 0

（6）站内部分在运 BMS 出现一级告警下的测试。

1）在站端模拟 AGC 远方控制运行，并设置充电功率为 24MW。在站端模拟通过修改 BMS 告警定值，使 10 个 BMS 出现一级欠温告警。在源网荷互动子站记录储能站端总可切量，并模拟 10MW 的切负荷指令，检查 PCS 和 EMS 的动作情况，见表 4-38。

表 4-38　　部分在运 BMS 出现一级告警下的储能电站响应情况

项目	A 套结论	B 套结论
PCS 动作情况	全部按最大放电功率响应	全部按最大放电功率响应
EMS 动作情况	禁止充电，随后控制 10 个 PCS 因欠温告警降流放电运行，控制其余 PCS 放电功率为 500kW 运行	禁止充电，随后控制 10 个 PCS 因欠温告警降流放电运行，控制其余 PCS 放电功率为 500kW 运行

2）数据记录、状态检查完毕后，在源网荷互动终端模拟负荷恢复开入，检查 PCS 和 EMS 的动作情况，见表 4-39。

表 4-39　　部分在运 BMS 出现一级告警下源网荷互动响应后的负荷恢复功能测试结果

项目	A 套结论	B 套结论
PCS 动作情况	10 个 PCS 因欠温告警限流充电运行，其余 PCS 充电功率为 500kW	10 个 PCS 因欠温告警限流充电运行，其余 PCS 充电功率为 500kW
EMS 动作情况	控制 10 个 PCS 因欠温告警限流充电运行，控制其余 PCS 充电功率为 500kW	控制 10 个 PCS 因欠温告警限流充电运行，控制其余 PCS 充电功率为 500kW

（7）站内部分在运 BMS 出现二级告警下的测试。

1）在站端模拟 AGC 远方控制运行，并设置充电功率为 24MW。在站端模拟通过修改 BMS 告警定值，使 10 个 BMS 出现二级欠压告警。在源网荷互动子站记录储能站端总可切量，并模拟

10MW 的切负荷指令，检查 PCS 和 EMS 的动作情况，见表 4-40。

表 4-40　　部分在运 BMS 出现二级告警下的储能电站响应情况

项目	A 套结论	B 套结论
PCS 动作情况	10 个 BMS 出现二级欠压告警，对应 PCS 不响应精切指令；其余 PCS 按最大功率放电	10 个 BMS 出现二级欠压告警，对应 PCS 不响应精切指令；其余 PCS 按最大功率放电
EMS 动作情况	禁止充电，随后按最大功率放电	禁止充电，随后按最大功率放电

2）数据记录、状态检查完毕后，在源网荷互动终端模拟负荷恢复开入，检查 PCS 和 EMS 的动作情况，见表 4-41。

表 4-41　　部分在运 BMS 出现二级告警下源网荷互动响应后的负荷恢复功能测试结果

项目	A 套结论	B 套结论
PCS 动作情况	10 个 BMS 出现二级欠压告警待机，其余 PCS 按 500kW 充电	10 个 BMS 出现二级欠压告警待机，其余 PCS 按 500kW 充电
EMS 动作情况	控制 PCS 按 500kW 充电	控制 PCS 按 500kW 充电

（8）站内全部在运 BMS 硬触点信号动作行为测试。在站端模拟 AGC 远方控制运行，并设置充电功率为 24MW，临时闭锁 EMS 功率调节出口。在站端源网荷终端模拟全切指令，PCS 响应后，在 BMS 舱内逐个短接至 PCS 的硬触点信号，检查 PCS 动作情况，见表 4-42。

表 4-42　BMS 硬触点信号动作行为对 PCS 源网荷互动响应影响测试

PCS 编号	PCS1-1	PCS1-2	PCS2-1	PCS2-2	PCS3-1	PCS3-2	PCS4-1	PCS4-2
动作情况	√	√	√	√	√	√	√	√
PCS 编号	PCS5-1	PCS5-2	PCS6-1	PCS6-2	PCS7-1	PCS7-2	PCS8-1	PCS8-2
动作情况	√	√	√	√	√	√	√	√

续表

PCS 编号	PCS9-1	PCS9-2	PCS10-1	PCS10-2	PCS11-1	PCS11-2	PCS12-1	PCS12-2
动作情况	√	√	√	√	√	√	√	√
PCS 编号	PCS13-1	PCS13-2	PCS14-1	PCS14-2	PCS15-1	PCS15-2	PCS16-1	PCS16-2
动作情况	√	√	√	√	√	√	√	√
PCS 编号	PCS17-1	PCS17-2	PCS18-1	PCS18-2	PCS19-1	PCS19-2	PCS20-1	PCS20-2
动作情况	√	√	√	√	√	√	√	√
PCS 编号	PCS21-1	PCS21-2	PCS22-1	PCS22-2	PCS23-1	PCS23-2	PCS24-1	PCS24-2
动作情况	√	√	√	√	√	√	√	√

4.4 电池储能电站并网新技术

现有电池储能电站采用传统的基于锁相同步的矢量电流控制方式接入电网，该控制方式具有响应速度快、故障穿越能力强等优点，但也存在一定的局限性。基于锁相同步的并网控制在弱电网条件下容易引发系统振荡，危害系统安全稳定运行；此外，这一控制方式下，电池储能电站为系统提供的惯量较少，若电池储能在系统中占比较大，则不利于大系统的频率稳定。相比储能变流器的运行特点，传统同步发电机具备物理含义明确的惯量、阻尼等概念，且相关大系统运行的理论研究较为成熟。因此，学界通过对同步发电机数学模型的模拟，提出了类似同步发电机运行特点的变流器控制算法，即虚拟同步并网控制技术。本节主要就这一新兴的控制技术在电池储能电站并网控制的应用中做简要探讨。

4.4.1 同步发电机与储能变流器交流输出功率调节原理的对比

以下将从同步机发电机与储能变流器交流电气部分工作原理出

发，说明其影响交流功率变化的原理之间的共性因素。

对于传统同步发电，考虑分布参数绕组用集总参数绕组代表后，描述其电气特性的参数主要是自感和互感，图 4-18 展示了理想情况下的 Y 形连接的隐极同步发电机线圈结构。定子三相线圈相关电量下标分别为 a、b 和 c，转子励磁线圈对应电量下标为 f。此处，三相线圈在各个方面均相同，并共同连接到公共点 N。图中，沿着逆时针方向，a 轴定向于转子角度 $\theta=0°$，b 轴定向于转子角度 $\theta=120°$，c 轴定向于转子角度 $\theta=240°$。

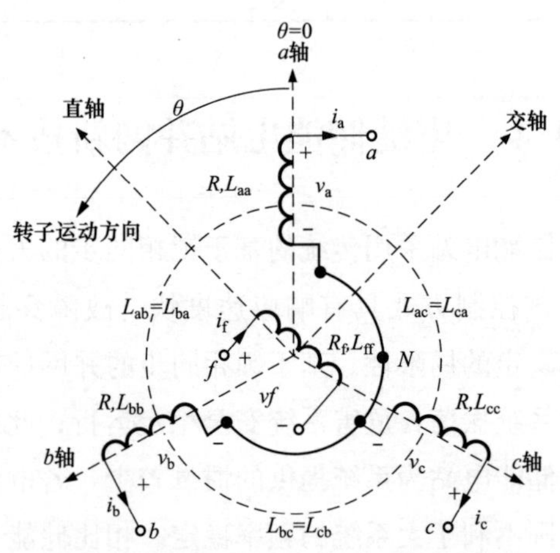

图 4-18　Y 形连接的隐极同步电机线圈结构

对于隐极同步发电机，每个定子绕组具有相同的自感 $L_s=L_{aa}=L_{bb}=L_{cc}$；相邻定子绕组之间的互感是负常数，可表示为 $-M_s=L_{ab}=L_{bc}=L_{ca}$；转子励磁线圈 f 与定子线圈之间的互感随着转子角度 θ 成余弦变化，假定该互感的最大值为 M_f，则各互感可表示为

$$\begin{cases} L_{af}=M_f\cos\theta \\ L_{bf}=M_f\cos\left(\theta-\dfrac{2}{3}\pi\right) \\ L_{cf}=M_f\cos\left(\theta-\dfrac{4}{3}\pi\right) \end{cases} \tag{4-16}$$

假设转子励磁电流为直流恒定电流 I_f，电场以恒定角速度 ω 旋转，则对于极对数为 1 的同步发电机有：$d\theta/dt=\omega$，$\theta=\omega t+\theta_0$，其中 θ_0 为零时刻电场的初始角度，则结合式（4-16）可得各相磁链方程为

$$\begin{cases} \Phi_a = L_{aa}i_a + L_{ab}i_b + L_{ac}i_c + L_{af}i_f = (L_s + M_s)i_a + M_f I_f \cos(\omega t + \theta_0) \\ \Phi_b = L_{ba}i_a + L_{bb}i_b + L_{bc}i_c + L_{bf}i_f = (L_s + M_s)i_b + M_f I_f \cos\left(\omega t + \theta_0 - \dfrac{2}{3}\pi\right) \\ \Phi_c = L_{ca}i_a + L_{cb}i_b + L_{cc}i_c + L_{cf}i_f = (L_s + M_s)i_c + M_f I_f \cos\left(\omega t + \theta_0 - \dfrac{4}{3}\pi\right) \end{cases} \tag{4-17}$$

取 a 相作为基准相进行研究，若线圈电阻为 R，则 a 相线圈上的电压可表示为

$$v_a = -Ri_a - \frac{d\Phi_a}{dt} = -Ri_a - (L_s + M_s)\frac{di_a}{dt} + \underbrace{\omega M_f I_f \sin(\omega t + \theta_0)}_{e_a} \tag{4-18}$$

如式（4-18）中所示，定义该式中最后一项为反电动势，则可将其表示为向量形式

$$\vec{V}_a = \vec{E}_a - R\vec{I}_a - j\underbrace{\omega(L_s + M_s)}_{X}\vec{I}_a \tag{4-19}$$

式中：X 为同步电抗。

一般情况下同步电抗远大于式中电阻 R，故可将式（4-19）简化为

$$\vec{V}_a \approx \vec{E}_a - jX\vec{I}_a \tag{4-20}$$

同理可得 b、c 相的电压、电流相量关系。上述相量关系描述了同步发电机交流侧的电气特性。

储能变流器与同步发电机在一次结构上有较大区别，其简化一次电气结构可表示为图 4-19 所示形式。

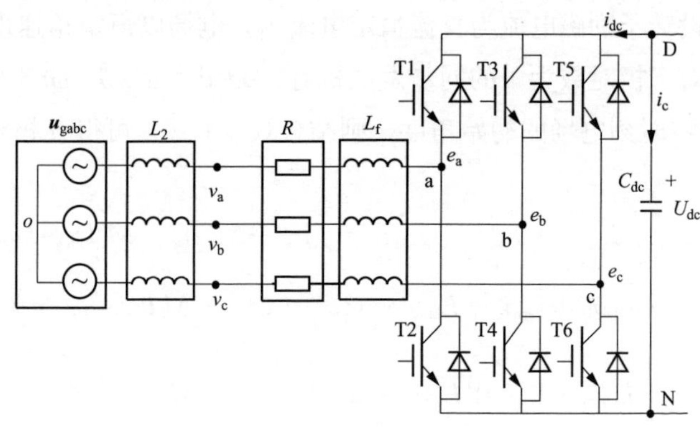

图 4-19　储能变流器简化电气结构图

根据图 4-19，可得到 a 相电压、电流的相量关系与式（4-20）一致，图中 e_a、e_b 与 e_c 为储能变流器交流侧输出电压，不难看出，该电压与同步发电机的反电动势的作用一致，通过调节该电压幅值和相位，可改变同步发电机/储能变流器交流侧输出电流，进而影响电源与系统的有功功率、无功功率交换。从这一角度看，若储能变流器交流侧输出电压 E 可模拟同步发电机反电动势的特性，即可实现虚拟同步并网运行。

同步发电机的反电动势的特性主要受到其转子运动方程与励磁控制的影响，其中转子运动影响其反电动势的旋转速度，励磁控制则影响其反电动势的幅值大小。为实现储能变流器交流侧输出电压对同步发电机反电动势的模拟，需从同步发电机转子运动与励磁控制两个角度进行分析。

4.4.2　同步发电机的转子运动方程与虚拟同步有功控制

同步发电机的转子运动方程描述了同步机在电磁转矩和机械转矩不平衡情况下的暂态特性。虚拟同步控制中通过对模拟同步机转子运动方程实现其有功、频率调节，为系统提供频率惯性响应。考虑阻尼转矩情况下，取极对数为 1，电磁角频率在数值上等于机械角频率均表示为 ω，对应的同步发电机转子运动方程可描述为

$$J\frac{\mathrm{d}\omega}{\mathrm{d}T}=T_{\mathrm{m}}-T_{\mathrm{e}}-D(\omega-\omega_{\mathrm{N}}) \tag{4-21}$$

式中：ω_{N} 为同步发电机的额定角频率；J 是同步发电机转子的总转动惯量；T_{m} 为转子输入机械转矩；T_{e} 为电磁转矩；D 为同步机阻尼转矩对应的阻尼系数，其受机械摩擦、定子损耗和阻尼绕组等多种因素影响。

需指出的是，上述转子运动方程采用了转矩形式进行描述，由于同步机一般运行在额定频率，故也可采用有功形式进行书写

$$J\frac{\mathrm{d}\omega}{\mathrm{d}t}=\frac{P_{\mathrm{m}}-P_{\mathrm{e}}}{\omega_{\mathrm{N}}}-D(\omega-\omega_{\mathrm{N}}) \tag{4-22}$$

在频域中对上述公式进行模拟，即可得到储能变流器的有功的虚拟同步控制方式如图 4-20 中虚线框图所示。

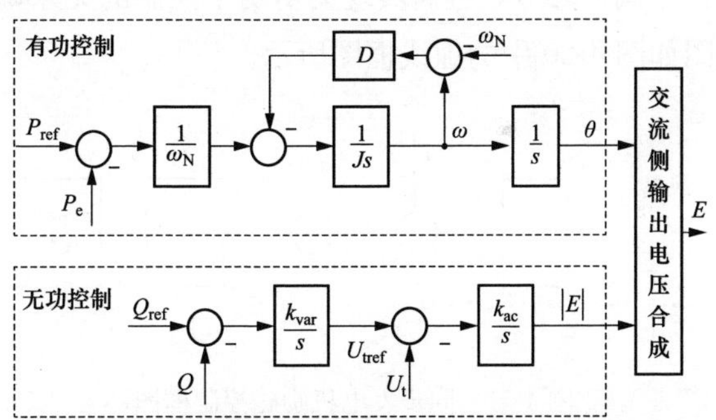

图 4-20　储能变流器的虚拟同步控制框图

在虚拟同步控制策略中，有功功率控制环路是在实现功率控制的同时确保储能变流器不依赖于锁相环而实现与电网同步运行的核心控制环节，即有功功率控制与同步控制相统一。从图 4-20 中可以看出，当实际的变流器有功功率输出与有功功率基准值出现不平衡时，将通过虚拟惯性环节调节储能变流器交流输出电压的角频率

ω，该角频率通过积分即可得到变流器交流侧输出电压的相位角 θ，图中的比例系数 D 则用于模拟同步发电机转子运动方程中的阻尼系数。此外，通过对图中虚拟惯性系数 J 的调节，可灵活改变储能变流器并网后的频率响应动态，提高电网惯性。

4.4.3 同步发电机的励磁控制与虚拟同步无功控制

从式（4-18）中可看出，同步发电机可通过调节励磁电流 I_f 实现对反电动势幅值的调节，进而影响同步发电机向电网注入的无功功率。在实际运行中，同步机输出的无功功率调节电网电压即利用这一原理，具体的实现则依赖于励磁控制系统。图 4-21 给出了同步发电机励磁控制系统的简化框图。图中同步发电机的无功控制为有差调节，n_q 为同步发电机的无功-电压调节的下垂系数。储能变流器由于响应快、调节灵活，其无功控制可在模拟同步发电机的基础上引入积分调节环节，进而实现无功功率控制的无差调节，具体的控制框图如图 4-20 中的虚线框图所示。

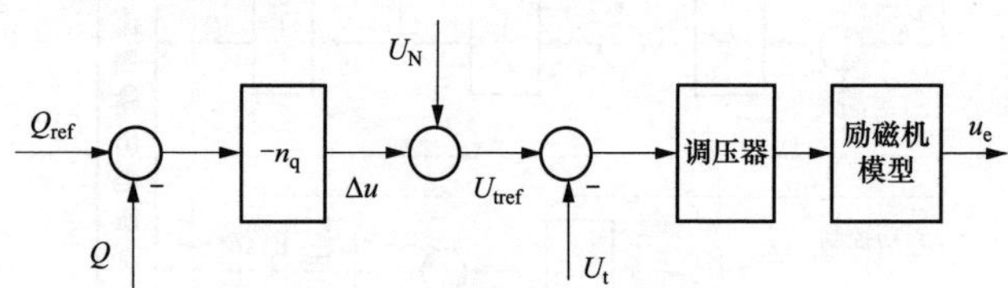

图 4-21 同步发电机励磁控制框图

从上述分析不难看出，变流器的虚拟同步并网控制方式从设计初衷出发，继承了传统同步发电机的部分电磁暂态特性，对系统暂态过程具有良好的频率动态响应能力。但由于储能变流器从物理本质上与同步发电机存在差异，这种模拟控制也存在一定的局限。在控制工程领域中，系统的暂态响应是指系统在大扰动下从初始状态到稳定状态变化的过程。在储能变流器运行过程中，不可避免地受到系统中各种扰动的影响，如系统中负荷投切、储能电站有功功率设定值的变化、电网源端出力改变、储能电站无功功率设定变化等，这些扰动都将引发虚拟同步下储能变流器的暂态响应。与传统同步发电机不同，基于虚拟同步控制的储能变流器本质上是电力电子装置，其暂态耐受功率过载能力相对较差，其虚拟同步控制的设计过程中需考虑设备的硬件约束。目前，储能变流器虚拟同步控制的暂态特性研究仍有诸多关键问题值得深入探索。

第5章 电池储能电站防雷与消防设计

电化学电池储能电站及设备的安全运行离不开良好的防雷与消防设计。雷击发生时将产生强大的雷电冲击波、炽热的高温、猛烈的冲击波、瞬变的电磁场与强烈的电磁辐射，直接造成放电通道上建筑物、电力设备损坏及人、畜伤亡。电化学电池储能电站内有大量电子设备，对雷电的防护措施不到位可能造成设备的大量损坏，提高电站的运营成本。电化学储能电池是储能电站的能量载体，电池中存储了大量的电化学能，若发生起火则难以控制，特别是锂电池的热稳定性相对较差，容易扩大火灾的影响，甚至引发爆炸，产生大量有毒气体。因此，在电化学电池储能电站的建设中需特别重视消防系统的设计。本章重点围绕电化学电池储能电站的防雷与接地技术、消防技术展开，以期为工程人员的前期设计提供一定参考。

5.1 电池储能电站防雷与接地技术

雷电是因强对流气候形成的雷雨云层间或云层与大地间强烈瞬间放电现象。我国是雷电活动十分频繁的国家，全国有21个省会城市雷暴日都在50天以上。雷电一直是影响电力设备安全稳定运行的重要原因，对于处于雷电频发地区的电池储能电站发生雷击事故概率大，尤其是站内变压器、电力电子变换器等重要设备，受到雷击后有可能造成设备损坏，危害系统运行，影响较大，为了保护电池储能电站设备安全，提高电站运行可靠性，为电池储能电站设计合理的防雷接地方案显得尤为重要。

电池储能电站防雷接地是工程设计的重要组成环节，既非常的复杂又至关重要不可或缺。做好防雷接地设计工作，对电池储能电站工程建设的工期、质量、投资费用和建成投产后的运行安全可靠性和生产的综合经济效益，有着重要的影响。此外，防雷接地设计的好与坏直接影响站内设备和人身的安全。本节从雷电危害的类别出发，分别探讨电池储能电站内一次设备与二次设备的防雷及接地设计相关内容。

5.1.1 雷电危害的分类及防护

1. 雷电危害的分类

雷电的危害主要分为两类，即直接雷击与雷电感应。两类雷电的侵害渠道有所不同，造成的影响也有差异。

直接雷击会在放电通道流过极大的雷电电流，并集聚大量的热量，这些热量无法在极短时间内扩散出去，进而会造成金属融化。物体的水分受高热而汽化膨胀，也将产生极强的机械力而爆炸，造成设备、建筑的损坏及人员伤害。预防直击雷主要采用接闪针、接闪带、接闪网、接闪线等传统接闪装置，通过引下线和接地装置将雷电能力安全泄放至大地中，同时应用等电位和隔离措施预防直击雷对设备造成的物理损害。需要注意的是，当直击雷击中电池储能电站接闪针（带、网、线）时，雷电流会通过引下线经地网泄放到大地，在雷电流入地网瞬间，会产生地电位瞬间升高，如果设备的安全保护接地点在地网上于雷电流入地点很近，可能使设备的外壳带上数千伏乃至数万伏的过电压，也可能使直流地的基准零点电位点瞬间抬高数千伏乃至数万伏。这一直击雷所产生的反击电位在有些情况下足以击穿电子设备和线路的绝缘，威胁设备的安全运行。

因此，在接地设计中需对这一问题进行考虑。总的来看，只要设计规范、安装装置质量合格，上述防雷手段可对直击雷进行有效的防御。

雷电感应与直接雷击的侵害不同，接闪装置无法应对雷电感应的高电压及雷电电磁脉冲所造成的危害。强大雷电电流通过的周围会产生极大的电磁场，使附近的导体或金属结构以及电力装置中产生很高的感应电压，可达几十万伏，足以破坏一般电气设备的绝缘，且在金属回路接触不良处，可能间接引发火花放电，引起爆炸或火灾。雷电感应一般通过电子、电气设备的电源线、信号线和天馈线等途径进行入侵。当系统设计中未考虑任何屏蔽和等电位连接措施或者布线不合理、接地不规范的情况时，雷电感应将对电力设备造成极大危害，甚至造成永久性损毁。在电化学电池储能电站中含有大量电池、控制器、变换器、监控系统、保护及自动化设备，雷电感应的危害应对更应引起设计人员的注意。针对这一雷电危害，主要需要在电源线、信号线和天馈线三条入侵渠道上配置隔离、钳位、均压、滤波、屏蔽等手段将雷电过压消除在设备的外围，进而达到保护设备的目的。

雷电的防护是一个综合性的系统工程，既要考虑对直击雷的防护，也需考虑对雷电感应高电压及雷电电磁脉冲的防护。在防护手段的设计上，工程人员需进行全方位的考虑，将接闪装置与电涌保护器等有机结合，相互补充。其中如果有一个环节考虑不全面，可能不但无法起到防雷电危害的作用，甚至可能将雷电的危害进一步扩大化，造成更多电池储能电站内的设备损害。

2. 电池储能电站雷电防护的设计原则

针对电池储能电站的雷击风险评估可参考 GB 50343—2012《建筑物电子信息系统防雷技术规范》，根据防雷装置的拦截效率确定雷电防护的相关等级，参照 GB/T 21714.2—2008《雷电防护风险管理的雷击风险评估要求》，可通过详细的雷击风险评估后确定电池储能电站雷电防护措施。确定好具体的雷电防护措施后，设计人员可根据以下几点原则进行雷电防护的设计：

（1）电化学电池储能电站的防雷设计应坚持全面规划、综合治理、技术先进、优化设计、多重保护、经济合理、定期检测和随机维护的原则进行综合设计、施工及维护。

（2）电化学电池储能电站应根据所在地区雷暴等级、设备所在不同的雷电防护区，以及系统对雷电电磁脉冲的抗扰度，采用不同的防护措施。

（3）电化学电池储能电站外部防雷系统由防直击雷的系统构成，主要依靠接闪针（带、网、线）等装置；其内部防雷系统则由防雷电感应措施构成，基本的防护措施是：在雷电感应入侵通道上将雷电过压及过流泄放、引导至大地中，将雷电电磁脉冲在设备外围屏蔽滤除。

（4）电化学电池储能电站防直击雷装置在设计时应严格执行 GB 50057—2010《建筑物防雷设计规范》的要求，可按滚球法计算高度和保护范围。

（5）独立接闪针安装位置应距电池舱、PCS 舱边沿大于等于 3m，防止接闪时电池舱或 PCS 舱边沿发生侧闪拉弧而损坏舱内设备。防直击雷引下线与安全保护地引下线在地网上的接点应相距 10m 以上，防止反击过压对设备的损害。安全保护接地线宜穿钢管或用屏蔽线与地网相连。

（6）应做好电化学电池储能电站内等电位连接接地设计，考虑电池支架、机柜、机架、交/直流电力电缆的金属护层、穿线钢管等，接地设计基本原则为最短距离就近与等电位地网连接。

5.1.2　一次设备的防雷及接地设计

电池储能电站的一次设备防雷措施包括整站的防雷设计与各一

次设备的防雷设计，其中整站的防雷手段主要是安装接闪针，针对电池储能电站内的高压配电系统及电池储能单元则主要采用安装避雷器的方法。以下将分别讨论这些防雷措施的设计要点。

1. 电池储能电站直击雷防护设计

防直击雷最常用的措施是在电池储能电站内装设接闪针（线），它是由金属制成，比被保护设备高，具有良好接地的装置。其作用是将雷吸引到自己身上并安全导入地中，从而保护了电池储能电站内比它矮的设备和建筑免受雷击。接闪针主要由三部分构成：接闪针针头即接闪器、接地体和接地引线。接闪针和引线采用圆钢，垂直接地极一般采用角钢打入地中再与接地引线进行可靠连接。

接闪线的防护具有一定的范围，常用接闪针（这里仅指单针）保护范围的计算方法主要有折线法和滚球法。折线法在电力系统又称规程法，即单支接闪针的保护范围是一个以接闪针为轴的折线圆锥体。滚球法是一种计算接闪针保护范围的方法。它的计算原理为以某一规定半径的球体，在装有接闪针的建筑物上滚过，滚球体由于受建筑物上所安装的接闪针的阻挡而无法触及某些范围，把这些范围认为是接闪针的保护范围。根据 GB/T 50064—2014《交流电气装置的过电压保护和绝缘配合设计规范》中的规定，单支接闪针的保护范围应按下列公式计算：

（1）接闪针在地面上的保护半径计算式为

$$r = 1.5hP \tag{5-1}$$

式中：r 为保护半径，m。h 为接闪针（接闪线）的高度，当 $h>120$m 时，可取其等于 120m。P 为高度影响系数，$h\leqslant 30$m 时，$P=1$；30m$<h\leqslant 120$m 时，$P=5.5/\sqrt{h}$；$h>120$m 时，$P=0.5$。

（2）在被保护高度 h_x 水平面上的保护半径应按下列方法确定：

1）当 $h_x\geqslant 0.5h$ 时，保护半径应按下式确定

$$r_x = (h-h_x)P = h_a P \tag{5-2}$$

式中：r_x 为接闪针或接闪线在 h_x 水平面上的保护范围，m；h_x 为被保护物的高度，m；h_a 为接闪针的有效高度，m。

2）$h_x < 0.5h$ 时，保护半径应按下式确定

$$r_x = (1.5h - 2h_x)P \tag{5-3}$$

通过上述系列式可得到单支接闪针的保护范围如图 5-1 所示。

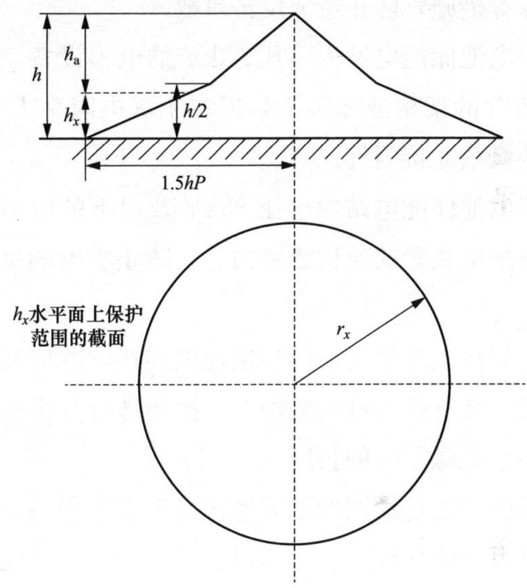

图 5-1　单支接闪针的保护范围

在实际工程建设中，电池储能电站内接闪针的设计安装原则可参考以下几点内容：

（1）独立接闪针宜设计独立的接地装置。在非高土壤电阻率地区，接闪针接地电阻不宜超过 10Ω。当接闪针与主接地网连接时，为防止雷击经过接地网反击电化学电池储能电站内的设备，需保证接闪针与主接地网的地下连接点至电池储能电站设备与主接地网的地下连接点之间的接地体长度不得小于 15m。需要注意的是，独立接闪针不应设置在人通行的地方，接闪针及其接地装置与道路或出

入口等的距离不宜小于 3m，否则应采取均压措施，或铺设沥青地面。

（2）电池储能电站内电压 110kV 及以上的电力设备，一般将接闪针装在配电装置的架构或屋顶上，但在土壤电阻率大于 1000Ω·m 的地区，宜装设独立接闪针。否则，应通过验算，采取降低接地电阻或加强绝缘等措施，防止造成反击事故。

（3）对于电池储能电站内电压 63kV 的电力设备，允许将接闪针装在配电装置的架构或屋顶上，但在土壤电阻率大于 500Ω·m 的地区，宜装设独立接闪针。

（4）对于电池储能电站内电压 35kV 及以下的电力设备，不宜将接闪针装在配电装置的架构或屋顶上，防止雷电的反击对设备造成损坏。

（5）装在架构上的接闪针应与接地网连接，并应在其附近装设集中接地装置。装有接闪针的架构上，接地部分与带电部分间的空气距离不得小于绝缘子串的长度。

（6）接闪针与主接地网的地下连接点至变压器接地线与主接地网的地下连接点间的接地体长度不得小于 15m；在电池储能电站主变压器的门型架构上，不应装设接闪针（线）。

2. 电池储能高压配电设备电浪涌保护器的设计

电池储能电站的高压配电设备包括进线开关柜、母线设备、主变压器等，为防止这些高压设备因雷电过压而造成损毁，需在设备端口并联对应的避雷器装置。选用避雷器时，其额定运行电压需与该避雷器所安装位置的系统电压保持一致；并且避雷器的灭弧电压要大于安装处工作母线上可能出现的最高工频电压。避雷器的灭弧电压指保证避雷器能够在工频续流第一次经过零值时，灭弧条件下允许加在避雷器上的最高工频电压；若避雷器动作时系统处于正常运行状态下，则避雷器将在正常相电压下灭弧；若避雷器工作时系统内同时有不对称短路，则加在全相避雷器上恢复电压将有可能高于相电压，此时避雷器就必须在高于相电压的情况下灭弧。

在电池储能电站工程建设中，为防止雷电过压，高压配电系统避雷器的设计原则可参考以下内容：

（1）各级电压装设相应电气参数的避雷器；避雷器设置原则使用最少避雷器达到保护整个电池储能电站所有电气设备，故一般设于各级电压母线上，根据具体工程情况，有必要时在每回出线安装氧化锌避雷器。

（2）避雷器的配置一般设在母线上，考虑到当线路在断路器开断状态下具有落雷点，避雷器至变压器保护距离足够时，避雷器装在线路断路器外。

（3）避雷器至变压器最大保护距离的确定，侵入波的幅值应取进线段的绝缘冲击强度。

根据上述配置原则，图 5-2 给出了一个电池储能电站高压配电系统避雷器配置的示意图，供设计人员参考。

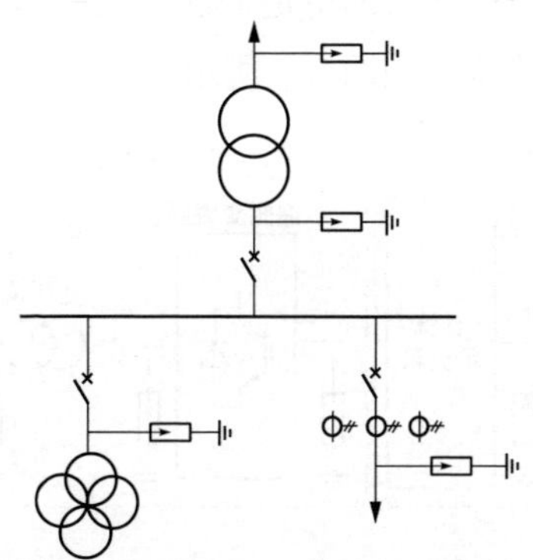

图 5-2　电化学电池储能电站高压配电系统避雷器安装示意图

3. 电池储能单元电浪涌保护器的设计

电池储能电压包括储能电池组、直流汇流箱、储能变流器、机端变压器与高压环网柜等设备构成，是电池储能电站内重要的电能存储单元。为防止雷电造成电池储能单元内设备过压而损坏，需在其一次接线结构中安装电涌保护器，具体的设计原则是：

（1）电池储能系统电池舱内的直流汇流箱应安装专用直流电浪涌保护器，以防止过压损坏储能电池，保护器持续运行电压、保护水平根据输出端电压进行确定。

（2）在储能变流器直流输入端应按照 $I_N=20\sim40$kA 的直流电涌保护器，储能变流器的交流输出端应安装 $I_N=40$kA 的交流电涌保护器，用于防止过压对储能变流器半导体功率器件的危害，保护器持续运行电压、保护水平根据储能变流器直流侧与交流侧额定电压水平进行确定。

（3）在电池储能系统升压变压器输出端应安装 $I_N=10$kA 的交流电涌保护器，其持续运行电压、保护水平根据输出端电压确定。

（4）在交流配电箱输出端应安装 $I_N=10$kA 的交流电涌保护器，其持续运行电压、保护水平根据输出端电压确定。

综合以上要求，以典型的电池储能单元一次结构为例，其具体各电涌保护器的安装位置如图 5-3 所示。

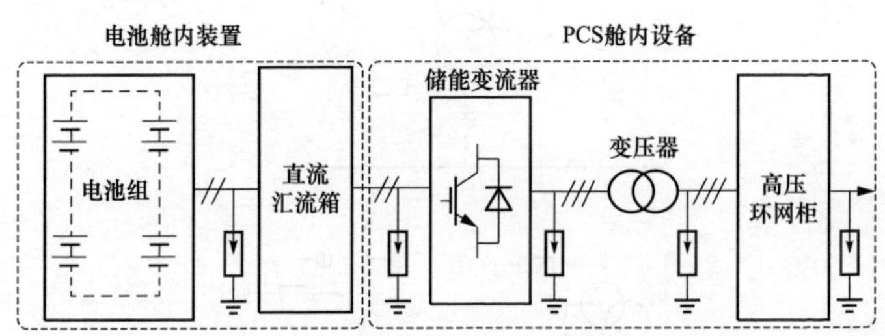

图 5-3　电化学电池储能单元电涌保护器配置示意图

5.1.3　二次设备的防雷及接地设计

当雷云层之间以及雷云层与大地之间放电时，在放电通道周围产生的电磁感应、雷电电磁脉冲的辐射以及雷云电场的静电感应，使电池储能电站内建筑物上的金属部件、管道、钢筋和由室外进入室内的电源线、信号传输线、天馈线等感应出雷电过压，并通过这些线路以及进入室内的管道、电缆等引入建筑物内造成电力二次设备损坏。雷电感应波形涉及的频谱较宽，但从能量的角度来看，大多是低频段的波形工作在低频和直流状态的电子设备危害极大，甚至可能造成设备内部芯片的损毁。总的来看，雷电感应是由雷电流在放电通道形成的强大电场以及磁场变化时造成，可分为静电感应和电磁感应。从经验来看，雷击的静电感应破坏力一般数倍于电磁感应。

电池储能电站二次电缆数目众多并且敷设得错综复杂，一旦发生雷电感应，二次设备极易受到干扰甚至永久性毁坏。电化学电池储能电站信号线路主要由以下几部分构成：电池管理系统信号线、储能变流器的数据处理和监控、保护及自动化装置二次回路、安防系统、环境监测子系统等。在工程建设前期，需考虑通过对全站二系统的接地设计，以达到降低雷电感应对二次设备的危害。下面主要从二次回路的接地、等电位接地点以及电缆屏蔽层接地、信号电涌保护器等角度探讨电化学电池储能电站内二次设备的抗雷电感应手段。

（1）电池储能电站内二次回路的接地原则。电池储能电站中互感器的二次回路接地是回路正常工作的基础，在设计中需保证电流或电压互感器的二次回路只能通过一点接于站内接地网。在实际的电池储能电站内，其接地网并非实际的等电位面，在不同接地点间会存在电位差。当雷电流注入地网时，接地网各点间可能有较大的电位差值，若二次回路在不同点同时接地，地网上电位差将窜入该回路，对回路流过电流形成分流的作用或注入额外的工频电流。这些因素会干扰二次设备的正确工作，甚至危害一次系统的安全运行。

（2）二次设备的等电位连接原则。电池储能电站二次系统中的各控制屏柜和自动化设备一般安装在站内不同区域，部分装置之间可能距离较远。这种情况下，若分别将它们在就近的接地铜排上接地，当雷电冲击电流经引线泄放导至地网中时，极有可能在一、二次设备的两个接地点之间产生较大电位差，将干扰二次系统的正常工作，严重时甚至会损坏设备。因此，在电池储能电站建设过程中应严格按“一点接地”原则进行设计和施工。二次设备中各内部地线接通后需用规定面积的导线统一引到某一点，再统一连接至接地铜排上，从而实现一点接地。电化学电池储能电站内构造等电位方法主要是将各类二次设备柜底部已有的接地铜排通过专用 $100mm^2$ 铜线与由电缆沟引来的粗铜导线连通，进而对控制室的接地点形成要求的对地网唯一的一点接地。

（3）电缆屏蔽层的接地原则。设计屏蔽的作用是切断电场干扰源到器件或设备的传输路径，从而消除或减弱干电磁扰源对电子器件和设备的不良影响。在电化学电池储能电站中，埋地电缆是二次系统干扰的主要来源，它本身既是干扰的主要发生器，同时也是主要的干扰接收器。电缆作为发生器是指它本身在信号传输中会向空间辐射电磁噪声；作为吸收器则是指电缆会与邻近干扰源所发射的电磁噪声产生耦合。电缆的屏蔽层则是抑制这类干扰的主要措施。

电化学电池储能电站内所用的控制电缆和信号电缆均需采用屏蔽电缆，其屏蔽层接地正确与否直接影响到屏蔽效果的好坏。在各类电缆中，有用于低频设备的单芯、两芯及多芯电缆、双绞屏蔽电缆和用于高频设备的同轴电缆等。针对不同类型的电缆，由于其使用环境、条件及信号的不同，其屏蔽层所对应的接地方式也存在不同。《国家电网有限公司十八项电网重大反事故措施》中对变电站内二次系统的电缆屏蔽层接地方式进行详细规定，电池储能电站内的电缆屏蔽层接地设计可参考其相关内容。

（4）信号电浪涌保护器。根据电化学电池储能电站运行环境的情况，在雷暴频繁区域，可在站内各信号线路上设计信号电涌保护器，为保证信号的正确传输，电涌保护器选型需考虑信号线路的工作电压、频率、传输速率、带宽、接口形式、特性阻抗、电压驻波比和插入损耗等参数。信号线路电涌保护器可设计在雷电防护区界面处，如电池储能电站内建筑物信号线路入口处的配线架上或设备端口处。设计中，保护器的最大持续运行电压应大于线路上的最大工作电压，低于被保护设备的耐冲击电压额定值。此外，安装时需保证信号线路电涌保护器的连接头与信号导线的连接线尽量短。

除上述四点外，电化学电池储能电站二次系统的设计过程中还需考虑综合布线，电源线路与信号线路应保持一定的安全距离，各类信号线和输电线都应埋地或穿钢管。

5.2　电池储能电站消防设计

锂离子储能电池在运行过程中受到过热、短路、挤压或过度充放电等情况时，会在热行为、电化学行为上表现出一系列副反应并产生大量热量，这些副反应的产热又会引起电池内部温度的升高，温度升高会进一步促进副反应的进行，从而形成一个不受控制的正反馈系统，最终出现系统失稳而产生破坏性的后果，这一系列的行为被称为电池的热失控。电池热失控时会产生大量的热和气体，最终诱发着火或者爆炸事故。从已有的运行经验来看，储能电池的热失控是导致电池储能电站发生火灾事故的主要原因。一旦电池储能电站发生火灾事故，其后果将是毁灭性的，不仅会使设备永久性损毁，甚至可能造成人员伤亡。因此，消防设计是电池储能电站设计中需重点考虑的内容。

5.2.1 国内外电池储能电站消防安全现状

在储能电站技术起步并迅猛发展的当下，由于电站消防系统设计的不当，近年来全球范围内多次报道出电化学储能电站着火的事故，事故现场损坏程度触目惊心。公开报道资料显示，美国、韩国多次发生电化学储能电站火灾，国内虽然严抓严管，也发生了多起类似事故。

2019 年 4 月 19 日，消防队员接到火警，位于亚利桑那州 West Valley 的亚利桑那州公共服务公用事业公司（APS）储能设施起火。据报道，火灾发生在下午 6 点左右。不久之后，APS 公司在次日上午 12：06 发布推文，声称该储能设施发生了设备故障。2018 年全球新增电化学储能装机中，韩国几乎占据全球半壁江山，占比 45%，然而危险和机遇总是相伴而生，自 2018 年 5 月以来，韩国储能行业发生了 23 起严重火灾。最终，从 2018 年 12 月 27 日起政府着手调查事故原因，近 5 个月内储能设备都被要求停机以防止人员伤亡。LG 化学公司、三星 SDI 公司和 LS 工业系统公司等储能企业由于政府多次推迟公布火灾原因而陷入经营危机。LG 化学在今年第一季度总共损失了 1200 亿韩元，其他公司的利润也大幅下降。韩国整个储能行业估计已经遭受了 2000 亿韩元的损失。

国内在火热发展的背后，由于电池、PCS 质量问题或者系统集成商施工能力良莠不齐，潜在的火灾风险也随之而来，工商业储能电站起火事故频现。近几个月有电网侧储能电站出现了大量电池因冒烟而更换的现象，最严重的要数镇江扬中某用户侧储能项目，8 月初项目中的磷酸铁锂电池集装箱起火并烧毁。

火灾频发充分暴露了电化学储能站消防系统的重要性，在技术尚不成熟但项目百花齐放的眼下，提高电化学储能站消防技术水平对电化学储能站的安全稳定运行至关重要。

5.2.2 电池储能电站灭火措施

电池储能电站根据建设情况不同，可能将电池安放在室内，也有可能安放在预制舱内，在消防设计中需视具体情况而定。总的来看，电池储能电站建筑物主要为各电池室（电池舱）、功率变换器安装室（舱）、高压配电设备安装室、二次设备安装室（舱）。此外还有储能电站用电房等配电建筑。各类建筑的消防灭火有其各自的要求。在电化学电池储能电站核心消防技术为针对储能电池配置的灭火措施。

目前针对储能电池的消防技术仍未成熟，国内诸多研究机构投入了大量的精力进行研发。围绕抑制锂电池火灾灭火剂的研究最早发生在航空领域。针对电池的灭火剂主要有三大类，即气体灭火剂、液灭火剂与固灭火剂。研究人员对三种类型的灭火剂进行了多个维度的对比，其对比结果如表 5-1 所示。

表 5-1　　抑制锂电池火灾的不同类型灭火剂比较

灭火剂种类	常用灭火剂名称	灭火机理	优缺点
气体灭火剂	卤代烷 1301、哈龙 1211	销毁燃烧过程中产生的游离基，形成稳定分子或低活性游离基	降温效果有限，无法抑制锂离子电池的复燃。对臭氧层破坏，已在我国全面禁止使用
	CO_2、IG-541、IG-100	稀释燃烧区外的空气，窒息灭火	灭火效果较差，出现复燃。对金属设备具冷激效应（即对高热设备元件具破坏性），同时对火灾场景密封环境要求高，不环保
	洁净气体灭火剂如：HFC-227ea/FM-200（七氟丙烷）、HFC-236fa（六氟丙烷）、Novec1230、ZF 2088	分子汽化迅速冷却火焰温度，窒息并化学抑制	无冷刺激效应，不造成被保护设备的二次损坏。燃烧初期有大量氟化氢等毒性气体生产，需要考虑灭火剂浓度设置

续表

灭火剂种类	常用灭火剂名称	灭火机理	优缺点
水基型灭火剂	水、AF-31、AF-32、A-B-D灭火剂	瞬间蒸发火场大量热量，表面形成水膜，隔氧降温，双重作用	降温灭火效果明显，成本低廉且环境友好，但耗水量大，扑救时间长。喷雾强度为 2.0L/(min·m²)，安装高度为 2.4m 条件下，细水雾灭火系统无效
	水成膜泡沫灭火剂	特定发泡剂与稳定剂，强化窒息作用	3%水成膜泡沫灭火剂无法解决电池复燃问题
干粉灭火剂	超细干粉（磷酸铵盐、氯化钠、硫酸铵）	化学抑制或隔离窒息灭火	微颗粒、具有严重残留物、湿度大对设备具有腐蚀性。干粉灭火剂对锂电池火灾几乎没有效果
气溶胶灭火剂	固体或液体小质点分散并悬浮在气体介质中形成的胶体分散体系（混合金属盐、二氧化碳、氮气）	氧化还原反应大量产生烟雾窒息	亚纳米微颗粒（霾），金属盐、具有残留物、对设备具有腐蚀性及产高热性损坏，伴有大量烟气污染周围环境。与水基灭火剂结合使用可有效提高锂电池火灾扑救效率，减少耗水量

从表 5-1 中可以看出，固体灭火剂对扑灭锂电池火灾效果不佳；气体灭火剂在电池火灾中具有无颗粒物、无腐蚀、无残留的优点，但降温效果有限，需要用足够冷却时间方可抑制锂离子电池复燃；且气体灭火剂虽对电池初始自放热诱导阶段的抑制较明显，但对于快速爆燃热失控阶段的储能电池灭火能力较弱；水基灭火剂具有强大的降温能力，在扑救锂离子电池火灾中效果明显。从已有的电池储能电站火灾事件来看，消防员一般还是采取大量喷水的方式进行灭火。从经济性的角度来看，三种不同种类的灭火剂经济成本比较为气体灭火剂＞固体灭火剂＞液体灭火剂。在工程实践中，目

前国内储能电站中单预制舱的消防灭火措施一般采用气体灭火系统，灭火介质为七氟丙烷。但需要指出的是，七氟丙烷对于电池储能电站火灾的灭火效果并未得到有效验证。

5.2.3 电池储能电站消防设计原则

在电池储能电站消防设计中，针对不同建（构）筑物和设施，需设计不同的消防措施。在工艺设计、设备及材料选用、平面布置、消防通道均按照有关消防规定执行。GB 51048—2014《电化学储能电站设计规范》对电池储能电站内的相关消防设计做出了规定，涵盖电化学储能电站内建、构筑物及设备的防火间距、站内各建、构筑物和设备的火灾危险分类及其最低耐火等。在工程建设中，电池储能电站的消防设计原则可参照以下内容：

（1）消防设计必须贯彻“预防为主，防消结合”的方针，防治和减少火灾危害，保障人身和财产安全。

（2）消防设计应根据电站的不同规模、各类电池不同特性采取相应的消防措施，从全局出发，统筹兼顾，做到安全适用、技术先进、经济合理。

（3）电站内建筑物满足耐火等级不低于二级，体积不超过 $3000m^3$，且火灾危险性为戊类时，可不设消防给水。不满足以上条件时应设置消防给水系统，消防水源应有可靠保证。

（4）电池储能电站消防给水系统的设计应符合 GB 50016—2014《建筑设计防火规范》的有关规定，同一时间内的火灾次数应按一次设计。

（5）电池储能电站消防给水量应按火灾时最大一次室内和室外消防用水量之和计算。消防水池有效容量应满足最大一次用水量火灾时由消防水池供水部分的容量。

（6）建筑物灭火器配置应符合 GB 50140—2005《建筑灭火器

配置设计规范》的有关规定，电池室危险等级应为严重危险级。

5.2.4 电池储能电站消防新技术

为应对储能电池热失控难以抑制的挑战，研究人员提出了各类技术解决方案。以下对部分储能电池消防新技术进行简要探讨。

1. 基于全封闭消防管路的储能电池消防技术

现有储能电池预制舱集中配置的气体消防设施在电池发生热失控到七氟丙烷气体扩散至该区域有较大延时，这个延时可能导致电池的热失控达到无法抑制的程度，进而无法将储能电池火灾风险实现最快控制。电池热失控后内压大于外压并且电池壳体的物理阻隔使灭火剂无法进入电池内部等特点，这些使得常规灭火剂无法有效扑灭储能系统火灾；此外，电池异常状态有大量放热副反应发生，电池组内部存在热扩散，易造成电池间的热失控连锁反应，使储能系统内的电池燃烧成链状迅速扩展蔓延，并且电池热失控的引发具有隐蔽性，这些造成电池火灾难以一次扑灭，易产生复燃，造成二次火灾。

为了实现对储能电池热失控的快速控制，研究人员提出在电池箱中装设全封闭消防管路的思路。当检测到电池发生热失控时，通过消防管路快速向电池箱内注入灭火剂的方式电池热失控的抑制。图 5-4 给出了这一储能技术中所采用的储能电池新型机柜。

这种电池储能消防系统正常运行中，当检测到某一电池箱内电池出现热失控风险时，触发连接与机柜消防管路的机构释放存储的灭火剂与复燃抑制剂；灭火剂与复燃抑制剂通过连接于消防管路的消防注液口注入电池箱内，进而扑灭电池箱内明火并使电池无法复燃。

2. 基于物理隔离的储能电池消防技术

目前国内主流的大容量电池储能电站采用的气体消防解决方案

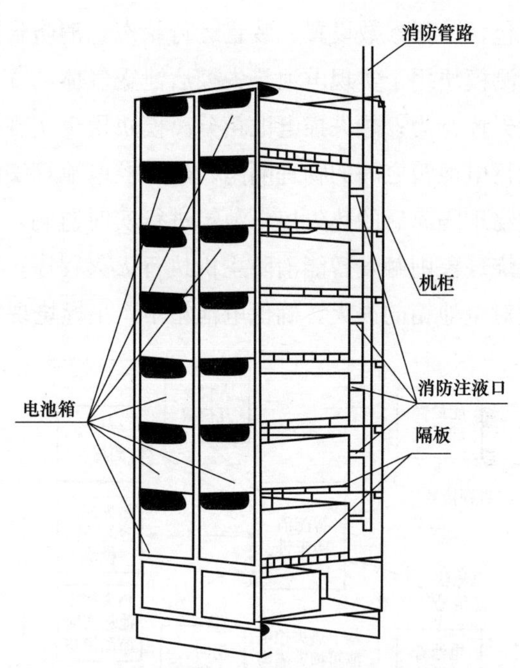

图 5-4　具有消防结构的储能电池新型机柜剖视图

中，一般将存储七氟丙烷气体的容器置于储能集装箱中间或两侧，当电池出现热失控现象时，气体释放至有效溶度需要一定的时间，这不利于快速防止电池热失控的扩散。此外，电池热失控情况下，出线复燃的概率较大。为应对这些缺点，除上文中提到采用封闭消防管路的解决方案，研究人员提出采用物理手段将热失控电池进行隔离的方案，从根本上防止火灾事件的进一步扩大。

图 5-5 给出了该电池储能消防解决方案的系统结构图，包括智能消防主机、人机交互模块、气体探测模块、热失控电池箱分离模块、热失控电池箱实时监测模块和消防灭火模块。图中，智能消防主机用于实现全面监控电池储能系统各电池箱运行状态，并根据预设定步骤与电池箱热失控情况作出相关动作，确保电池储能系统整体的安全运行；人机交互模块用于实现储能消防系统与运维人员的

信息交互，包括装置参数设置、装置运行状态、消防告警等信息交互；气体探测模块用于实现电池热失控后泄露气体的探测，以及时发现电池热失控行为；热失控电池箱分离模块用于实现热失控电池箱与正常运行电池箱之间的物理隔离；热失控电池箱实时监测模块主要实现对物理隔离后的热失控电池箱进行实时监测，当监测到电池箱产生燃烧现象则触发智能消防主机执行灭火程序；消防灭火模块主要实现对电池箱的灭火，确保电池箱不产生燃烧现象。

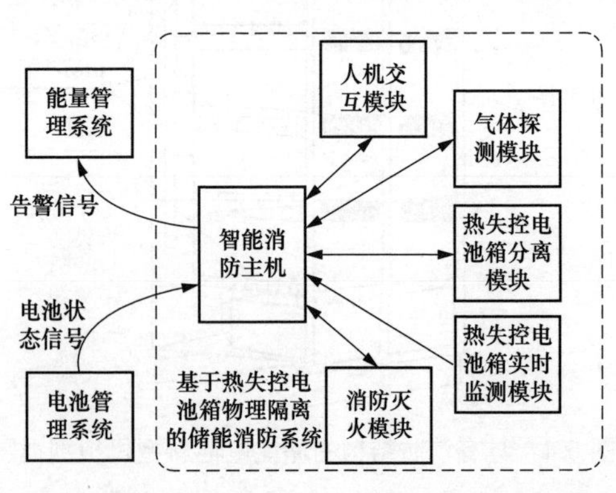

图 5-5　基于热失控电池箱物理隔离的储能消防系统结构图

该电池储能消防系统的执行逻辑如图 5-6 所示。在正常运行情况下，程序启动后智能消防主机循环分析电池管理系统（BMS）的电量信息与气体探测器反馈非电量信息，根据这些信息进行综合判断，提前预警是否有电池箱存在热失控风险；在检测到有电池箱存在热失控风险时，根据对对应电量与非电量信息定位该电池箱所在位置，并向上级发出告警信号；而后判断电池的热失控状况是否得到缓解，若是则继续监测该电池箱，并持续跟踪其状态是否恢复正常，在发现其恢复正常状态后系统回到监测全部电池箱电量与非电量信息状态；若是被定位电池箱的热失控状态未能得到缓解，则有智能消防主机触发热失控电池箱分离模块，使被定为电池箱从其电池架上分离，进而使其与其他正常运行电池箱物理隔离；热失控电池箱从机架上分离后，其红外信息被热失控电池箱实时监测模块持续监测，当监测到电池箱发生明火燃烧时，触发智能消防主机启动灭火模块，使用对应灭火剂对电池箱进行灭火操作；若在灭火时间触发后，无人为动作对消防系统进行手动复归，则程序将持续监测分离电池箱是否燃烧，防止其二次复燃；当消防系统被手动复归后，程序恢复到监测所有运行电池箱电量与非电量的状态。

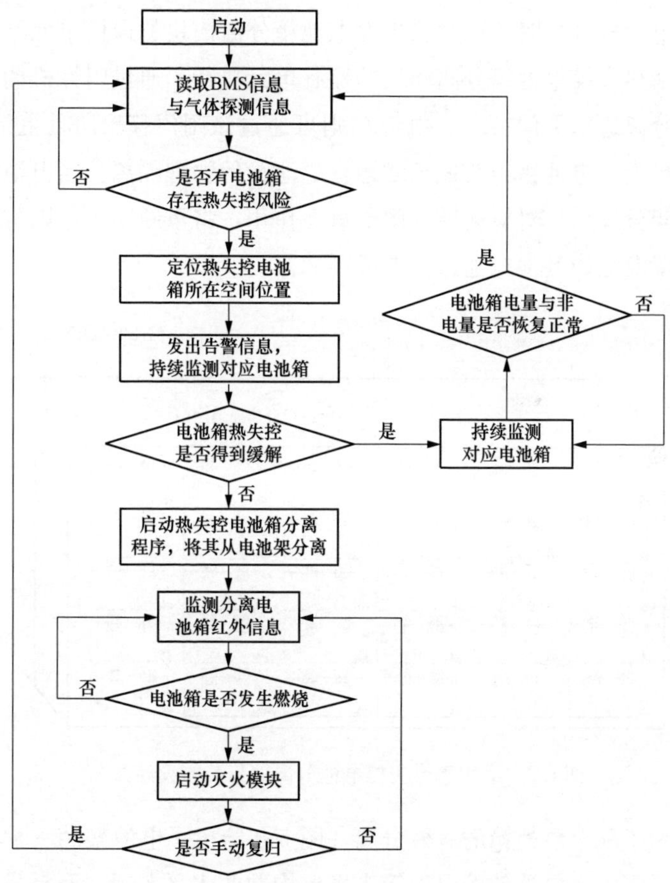

图 5-6　基于物理隔离的电池储能消防系统执行逻辑

在这一储能电池消防设计方案中，如何使热失控电池箱实现有效分离是核心技术之一。图 5-7 给出了一种基于集装箱的热失控电池箱分离的方案。图 5-7 为安装储能电池的集装箱的侧视图，较传统集装箱不同，图中集装箱的侧边根据内部电池箱的安放位置，配套安装了电池箱分离通道闸门，其中闸门的开合收到门控机构的控制。该电池箱分离通道闸门与门控机构共同构成了热失控电池箱分离模块的电池箱分离机构。当智能消防主机检测到有热失控电池箱需从电池架分离时，通过热失控电池箱分离模块的通信单元下发命令，由热失控电池箱分离模块的控制单元执行，通过门控机构将电池箱分离通道闸门打开，电池箱则可通过该闸门移出所处电池架，实现热失控电池箱与其他正常运行电池箱的物理隔离。当电池箱从电池架分离后，对应通道闸门受重力作用，将重新闭合，以防止外部环境对舱内其他电池运行造成影响。

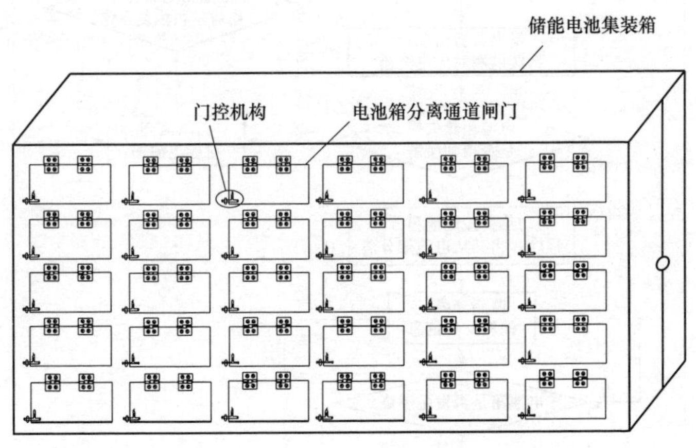

图 5-7　适用于热失控电池分离的集装箱设计方案

为了配合电池箱的有效分离，图 5-8 给出了电池架的一种设计方案。图中，电池架的电池箱支撑机构并非水平布置，而是采用了一定的倾斜角设计。电池箱安装入电池架时，会由外向内呈现出高度逐渐降低的情况。此外，电池箱安装通道的支撑台可设计滚轮，减小电池箱滑动的摩擦力。图 5-8 所示电池架每一个电池箱安装通道的内部与图 5-7 中的电池箱分离通道闸门相关联。当通道闸门打开时，电池箱即可通过该闸门从电池架上滑落分离。图 5-8 中的倾斜角设计则有助于利用电池箱自身重力，辅助电池箱从电池架上分离。

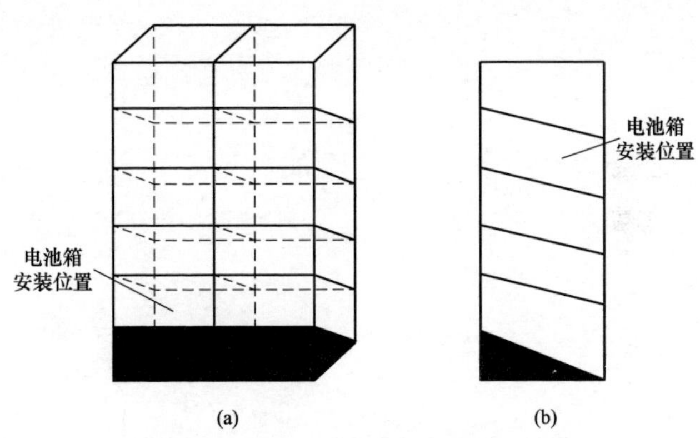

图 5-8　适用于热失控电池箱物理分离的电池架示意图

（a）电池架正视图；（b）电池架侧视图

总的来看，目前电池储能电站的消防技术仍处于发展阶段，尚未形成行业认可的典型设计方案。从现有国内外电池储能电站运行经验来看，目前各类消防系统还难以做到对电站火灾百分之百的有效防范。电池储能消防设施涉及电站乃至周边设施的本质安全，如何构建一套即具有经济性，又具备有效性的消防系统将是大容量电池储能电站发展的重要研究内容。设计人员需根据国内最新的电池储能消防相关标准进行产品设计。